# MÉMOIRE

ADRESSÉ A L'ACADÉMIE DES SCIENCES

SUR

## L'ACIDE PHÉNIQUE

Paris — Imp. de l'ILLUSTRATION, A. Marc, 22, rue de Verneuil.

# MÉMOIRE

ADRESSÉ A L'ACADÉMIE DES SCIENCES

SUR

# L'ACIDE PHÉNIQUE

DE LA PRIORITÉ DE SON ÉTUDE

ET DE SES APPLICATIONS

Des dangers de son emploi pour les cautérisations et les médications internes.

## PROPRIÉTÉS DU PHÉNOL SODIQUE

POUR LA GUÉRISON DES BRULURES, COUPURES,
ÉCORCHURES, BLESSURES RÉCENTES ET ANCIENNES, DE LA GALE, DES MALADIES
DE LA PEAU ; L'ASSAINISSEMENT ET LA PURIFICATION DES HABITATIONS,
DES NAVIRES, AINSI QUE POUR PRÉVENIR OU NEUTRALISER
LES ÉPIDÉMIES : LE TYPHUS, LE CHOLÉRA, ETC.

De ses applications à l'Hygiène, à l'Industrie, à l'Agriculture, etc.

## Par P.-A.-F. BOBŒUF

LAURÉAT DE L'INSTITUT

Pour ses travaux sur les propriétés et les applications à l'hygiène et à l'industrie
des produits de la distillation de la houille.

PARIS

CHEZ L'AUTEUR, 9, RUE BUFFAULT

ET CHEZ LES PRINCIPAUX LIBRAIRES

1865

# MÉMOIRE

## ADRESSÉ A L'ACADÉMIE DES SCIENCES
### ayant pour objet de démontrer :

1° Que la priorité de l'étude et celle des applications de l'acide phénique n'appartient nullement à M. le docteur Jules Lemaire, ainsi qu'il le prétend;

2° De signaler les *dangers nombreux* qui peuvent résulter de l'emploi, en thérapeutique, de l'acide phénique pour les *cautérisations* et de ses dissolutions aqueuses pour les *médications*, ainsi que la supériorité du *phénol sodique* pour ces différents usages;

3° D'appeler la sérieuse attention de l'Académie sur les propriétés remarquables que possède le *phénol sodique* comme agent *hémostatique*, et surtout sur celles qu'il a d'enlever *immédiatement la douleur des brûlures* et de les guérir promptement, *sans inflammation ni suppuration.*

4° D'indiquer les applications qui peuvent être faites de l'acide phénique et du *phénol sodique,* notamment : pour assainir et *purifier les navires*, en évitant l'emploi *si dangereux des fumigations,* jusqu'ici adoptée.

---

*A Monsieur le Président de l'Académie des Sciences.*

Paris, le 5 août 1865.

Monsieur le Président,

M. le docteur Déclat a adressé dernièrement à l'Académie, qui en a pris connaissance dans sa séance du 2 *janvier* 1865, un Mémoire pour appeler son attention sur les heureux résultats qu'on peut obtenir, en médecine et en chirurgie, de l'emploi de l'*acide phénique,* pour la guérison d'un grand nombre de maladies.

Toute la presse française, qui a toujours été et qui s'honore d'être constamment la propagatrice empressée des recherches et des travaux sérieux ou relatifs à l'intérêt général, s'est hâtée de donner un résumé succinct des résultats obtenus par M. le docteur Déclat, en le faisant suivre d'appréciations qui, si elles sont un peu, mais involontairement inexactes, prouvent du moins qu'elle ne marchande jamais son appui pour appeler l'attention des hommes éminents que la France s'enorgueillit de posséder, sur les travaux de ceux qu'elle juge dignes de sa faveur.

L'honneur de pouvoir se distinguer le premier en se rendant utile à l'humanité est trop enviable; les récompenses décernées par l'Académie sont trop honorables, pour que ceux qui croient y avoir quelques droits ne se hâtent de présenter leurs titres afin de les obtenir, ou de réclamer, aussitôt qu'ils pensent que ceux qui leur sont acquis pourraient être oubliés ou illégalement primés. Aussi l'Académie a-t-elle déjà reçu, au sujet de la communication de M. le docteur Déclat, des réclamations de M. le docteur Jules Lemaire, de M. Corne, et viens-je aussi lui présenter aujourd'hui les miennes.

Que l'Académie, que je serais condamnable de distraire inutilement de ses importants travaux, soit persuadée que c'est bien moins dans le but de mettre ma personnalité en évidence que je viens, à mon tour, lui adresser un nouveau Mémoire, que dans celui, tout en venant éclairer la question au point de vue des droits et mérites de chacun, de lui signaler les services nouveaux que le *Phénol*, à peine encore aujourd'hui employé en thérapeutique, est appelé à rendre à la médecine, et de démontrer *les dangers* qui pourraient résulter de l'application de l'acide phénique, préconisé d'une manière trop absolue par M. le docteur Jules Lemaire.

Mon Mémoire aura donc pour objet :

1° De venir constater, avec *preuves et documents authentiques*, les recherches et les travaux de ceux qui se sont occupés de l'application de l'acide phénique soit à l'hygiène soit à la thérapeutique, afin que chacun ne puisse revendiquer une part d'honneur ou de récompense autre que celle qui lui est due ;

2° De signaler les dangers qui pourraient résulter, dans beaucoup de circonstances, de l'emploi trop étendu de l'acide phénique ; et de démontrer la supériorité *de sécurité et d'efficacité* que présentent les phénates, et notamment le *phénol sodique*, pour les applications externes et internes ;

3° D'appeler l'attention sérieuse de l'Académie sur L'EFFICACITÉ DU PHÉNOL SODIQUE pour *l'apaisement immédiat des* DOULEURS *causées par les brûlures, et leur prompte guérison*, ainsi que de constater les *propriétés hémostatiques* de ce nouvel agent ;

4° D'indiquer les applications qui peuvent être faites de l'acide phénique et des phénates à l'hygiène, à l'industrie et à l'agriculture.

---

APPLICATION DES PRODUITS DE LA DISTILLATION DE LA HOUILLE A L'HYGIÈNE, A LA THÉRAPEUTIQUE ET A L'INDUSTRIE, FAITE PAR MM. CORNE, VÉTÉRINAIRE ; DEMEAUX, DOCTEUR-MÉDECIN ; LE BŒUF, PHARMACIEN ; JULES LEMAIRE, DOCTEUR-MÉDECIN, ET BOBŒUF, CHIMISTE.

---

L'Académie des Sciences, dans sa séance du 2 *janvier* 1865, a pris connaissance d'un Mémoire que les principaux journaux se sont hâtés de signaler à l'attention du public, *sur l'emploi de l'acide phénique en médecine.* Ce mémoire, qui lui avait été adressé par M. le docteur DÉCLAT, est ainsi résumé dans les *Comptes rendus* des séances de l'Académie (tome LX, page 22) :

THÉRAPEUTIQUE. — *Sur l'emploi de l'acide phénique en médecine, par* M. DÉCLAT.

(Commissaires, MM. Andral, Rayer, Jobert de Lamballe.)

L'auteur, en terminant son Mémoire, le résume dans les conclusions suivantes :

« 1º Dès 1861, j'ai arrêté *la gangrène* avec l'acide phénique, notamment dans un cas de gangrène générale consécutive à une fracture de la colonne vertébrale avec déchirure de la moëlle, et cela en présence des docteurs Gros, Maisonneuve et autres confrères. Depuis ce fait, l'acide phénique a fait son chemin, d'abord à l'Hôtel-Dieu, puis dans d'autres hôpitaux, où il a contribué puissamment à hâter la *cicatrisation des plaies traumatiques* de toute nature et à en prévenir les complications fâcheuses.

« 2º Dans les *affections infectueuses*, l'acide phénique exerce une action avantageuse à la fois sur l'infection et sur l'état local ; dans ces affections, aussi bien que dans les suppurations simples, cet acide contribue à tarir la source de suppuration.

« 3º Les effets ci-dessus indiqués ont été obtenus directement dans la vessie par des injections qu'on aurait pu croire dangereuses au premier abord.

« L'acide phénique paraît appelé à rendre de grands services dans le traitement de certaines affections des organes génito-urinaires.

« 4º Dans un cas d'engorgement mal déterminé de la langue avec ulcération, épithélioma ulcéré datant de quatre ans, reconnu par plusieurs médecins, MM. J. Lemaire, Ed. Langlebert, et dont le dessin à l'aquarelle pris au milieu du traitement sera mis sous les yeux de l'Académie, les applications phéniques et l'usage de cet acide à l'intérieur ont amené, en moins de trois mois, une amélioration, presque une guérison des plus remarquables. (Le malade continue son traitement et consent à se laisser visiter par ceux de nos confrères que ce cas pourrait intéresser.)

« 5º L'acide phénique appliqué en lotions a guéri avec une promptitude admirable des eczémas rebelles.

« Les essais de M. le Dr Sirnos, de Lisbonne, et les miens font concevoir les espérances les plus heureuses et les plus fondées sur les applications de l'acide phénique au traitement des *maladies de la peau en général*.

« 6º L'acide phénique paraît devoir rendre de grands services dans les *affections contagieuses au contact et à distance ;* il paraît devoir produire surtout d'excellents résultats dans les cas *d'épidémies, d'endémies,* dans *les camps,* dans les *hôpitaux,* les *cliniques d'accouchement,* etc.

« Malgré ses propriétés caustiques très-prononcées, j'ai pu administrer l'acide phénique à l'intérieur, dans les cas de très-grandes maladies organiques ou infectieuses, avec des avantages très-marqués dans quelques cas, sans inconvénients dans tous. Les résultats obtenus doivent encourager de nouveaux essais.

« Parmi les maladies de cette catégorie, traitées le plus heureusement, nous devons rappeler deux cas de diphthérite (angine couenneuse), contre lesquels l'action heureuse et puissante de l'acide phénique a été des plus frappantes.

« Tels sont les termes dans lesquels il nous est permis de résumer aujourd'hui nos recherches ; nous espérons pouvoir dans quelque temps leur donner un utile développement, et nous nous ferons un devoir de soumettre notre travail plus complet à l'Académie. »

M. le docteur Jules Lemaire, après avoir pris connaissance du Mémoire qui précède, adressa, à la date du 9 janvier 1865, la lettre ci-jointe, à M. le Secrétaire perpétuel de l'Académie, qui en donna lecture à Messieurs les membres de l'Institut, dans la séance du 9 *janvier* 1865 :

« Dans la séance du 2 janvier courant, M. le docteur *Déclat* a communiqué un Mémoire sur l'emploi de l'acide phénique en médecine et en chirurgie. Dans ce travail, mon confrère s'attribue des découvertes *que j'ai faites* et publiées plusieurs années avant lui.

« *Pour que l'Académie puisse juger la juste part qui revient à M. le docteur Déclat dans cette question,* je me bornerai à établir un parallèle entre le travail de mon confrère et mes publications sur le même sujet.

« *Le 8 septembre* 1859, j'ai envoyé une Note à l'Académie de médecine sur l'emploi du *coaltar saponiné* dans les plaies gangréneuses et autres de mauvaise nature ; *en juin* 1860, *du coaltar saponiné et de ses applications, brochure grand in-octavo de 92 pages.* Ce travail contient près de quatre-vingts observations recueillies sur l'homme et les animaux, parmi lesquelles se trouve une quinzaine de cas de gangrène où l'action de ce médicament a été des plus remarquables. J'y rapporte l'analyse de ce médicament et *j'étudie comparativement l'action de ses composants* pour déterminer celui auquel il doit les remarquables propriétés que j'ai observées. Mes expériences démontrent son mode d'action, et que c'est principalement *à l'acide phénique que ces effets sont dus.*

« *Le 4 mars* 1861, j'ai communiqué une Note à l'Académie sur les applications de l'acide phénique à l'hygiène et à la thérapeutique. Ce travail a été publié dans les journaux l'*Institut* et le *Cosmos.*

« Nouvelles observations en mai et août, sur les applications du coaltar saponiné à la thérapeutique, publiées dans le *Moniteur des sciences médicales.* Ce travail contient vingt-six observations diverses, dont dix de gangrène, où les effets de ce médicament ont été des plus remarquables.

« Depuis la fin de 1860 (8 octobre), ayant fait à l'hôpital Saint-Louis, dans celui de M. Bourrel, vétérinaire, et ailleurs, un grand nombre d'expériences avec l'acide phénique, je commençai, dans ledit *Moniteur,* la publication d'un long Mémoire sur cet acide. La publication de ce travail, qui occupe une large place dans six de ses numéros, a été forcément interrompue, parce que *ce journal a cessé de paraître.* C'est le 30 novembre seulement que M. Déclat dit avoir appliqué l'acide phénique pour la première fois.

« Dans une longue introduction, je donne un résumé des applications importantes que j'ai faites du coaltar, et j'annonce *que mon but est de remplacer cette substance par l'acide phénique,* pour des motifs que je développe. Le dernier numéro est du 16 novembre.

« La publication du travail précédent est (15 octobre 1862) reprise dans le *Moniteur scientifique* du docteur *Quesneville,* et achevée pendant l'année suivante. Les expériences nombreuses que j'avais faites y sont rapportées pour démontrer l'action de cet acide sur les *végétaux,* les *animaux,* les *ferments,* les *venins,* les *virus* et les *miasmes.*

« Un grand nombre d'applications de cet acide sont consignées dans ce Mémoire.

« En 1863, je résume toutes mes recherches sur le coaltar et l'acide phénique dans un volume de 432 pages. Il est intitulé : *De l'Acide phénique et de ses applications à l'industrie, à l'hygiène, aux sciences anatomiques et à la thérapeutique.* Cette édition, *qui est épuisée,* prouve que mes recherches ne sont pas inconnues du public.

« *C'est le 2 janvier* 1865 que M. Déclat commence à publier le résultat de ses recherches. Son Mémoire ne contient rien que je n'aie publié avant lui, si ce n'est une application à un engorgement de la langue.

« Ce parallèle me paraît assez clair pour rendre inutile toute discussion.

« *J'ai pensé que l'Académie, qui s'est donné la haute mission de sauve-*

*garder l'histoire de la science, pure de toute erreur, ne me blâmerait pas de lui soumettre ces simples observations..., et qu'elle voudra bien m'accorder l'insertion de cette réclamation dans les comptes rendus de ses séances.*

« *M. le Secrétaire perpétuel ayant proposé que le Mémoire de M. Déclat fût admis à concourir pour le* PRIX MONTYON, *je vous prie, monsieur le Président, de vouloir bien solliciter la même faveur pour mes travaux.*

Aussitôt que la réclamation de M. Lemaire lui fut connue, M. le docteur Déclat adressa, à son tour, à la date du 16 *janvier*, la lettre suivante à M. le président de l'Académie des Sciences :

« Paris, 16 janvier.

« Monsieur le Président,

« M. le docteur Lemaire vous a adressé, le 9 courant, une réclamation de priorité sur moi.

« J'espère que ce confrère regrette aujourd'hui les termes de sa lettre, surtout de l'avoir écrite avant d'avoir lu mon Mémoire; il y aurait vu que je rends justice à ses travaux et que je ne songe pas plus à me les attribuer qu'il ne songe à s'approprier ceux d'autrui : mais s'il ne s'était largement servi des découvertes de ses devanciers, il n'aurait guère pu faire faire un pas à la science.

« M. Lemaire a publié des recherches remarquables sur le coaltar saponiné et sur l'acide phénique; *mais est-ce lui qui a découvert soit le coaltar saponiné, soit l'acide phénique ?* Non, il n'a pas même découvert leurs propriétés, il les a étendues.

« Lorsqu'en 1860 M. Lemaire présenta son Mémoire sur le coaltar saponiné de *M. Lebœuf*, de Bayonne, *M. Bobœuf*, de Paris (1) *réclama la priorité sur M. Lemaire*, et voici ce que celui-ci répondait à M. Bobœuf (page 92, brochure du *Coaltar saponiné*, 1860) :

« Il est fâcheux que M. Bobœuf n'ait pas attendu la publication de mon Mémoire pour en prendre connaissance; il aurait pu s'assurer que je m'efforce de rendre justice à tous ceux qui se sont occupés des applications du coaltar comme désinfectant. Si M. Bobœuf *avait lu* Liébig, Gerhardt, etc., il est probable qu'il n'aurait pas réclamé une priorité à laquelle il ne me paraît avoir aucun droit. »

« *L'Académie, en couronnant M. Bobœuf en* 1861, *a réduit à sa juste valeur l'assertion de M. Lemaire.* Pourquoi donc vient-il aujourd'hui réclamer une priorité qui ne lui appartient pas, et que je ne réclame point?

« Je n'emprunterai pas les paroles de M. Lemaire pour lui répondre. Puisqu'il les cite, je crois qu'il a lu Chaumette, qui, en 1813, a reconnu les propriétés *antiseptiques* du coaltar; MM. Guibourt (1833) et Siret (1837), qui ont signalé ses propriétés désinfectantes; Runge (1834), la solubilité dans l'eau de l'acide phénique; Liébig (1844), les propriétés toxiques de l'acide phénique sur les animaux inférieurs; le docteur Bayard, couronné en 1844 par l'Académie pour sa poudre du coaltar mélangée; M. Corne, M. Demeaux (1859), qui appliquèrent le coaltar au pansement des plaies, etc.

« Mais je crois *qu'il a mal lu les brevets et travaux de M. Bobœuf*, qui, dès 1857, a compris que le coaltar agissait *par ses acides*, et a proposé SON PHÉNOL (acide phénique brut) comme *désinfectant, hémostatique et cautérisant les plaies de toute nature*.

« Les travaux de M. Lemaire et les miens ont *confirmé toutes les prévisions de ce savant industriel au point de vue de la thérapeutique externe*.

« Dans ma communication du 2 janvier à l'Académie, j'ai voulu signaler de nouvelles applications de l'acide phénique, et surtout son emploi et son dosage à l'intérieur dans des cas de maladies *organiques* et *infectieuses*, et cela avec des avantages très-marqués et toujours sans inconvénients, contrairement à l'opinion de quelques praticiens, et de M. Lemaire en particulier.

« M. Lemaire m'accorde d'avoir le premier appliqué l'acide phénique pour

_______

(1) Je ne suis pas de Paris, je suis natif de *Chauny* (Aisne).

un cas d'engorgement mal dénommé de la langue avec ulcérations et datant de quatre ans, que lui-même a considéré comme un épithélioma grave.

« J'espère qu'il m'accordera aussi d'avoir, avant lui, employé cet acide dans les affections des voies urinaires, en injections et à l'intérieur, et d'avoir le premier institué un traitement phénique contre les accidents putrides et infectieux de la *fièvre typhoïde, du croup, des maladies éruptives, des abcès profonds, des épithéliomas graves* et même ulcérés.

« La nécessité de prendre date m'a forcé de présenter à l'Académie un Mémoire incomplet sur ces points, mais j'observe actuellement un assez grand nombre de faits, dont je donnerai le résultat à l'Académie dès que des conclusions assez rigoureuses pourront être formulées.

« Daignez agréer, monsieur le Président, l'expression des sentiments respectueux de votre tout dévoué serviteur.     « DÉCLAT. »

En présence de cette revendication passionnée pour la priorité de l'application de l'acide phénique à la thérapeutique, faite à si haute voix par M. Lemaire, M. CORNE adressa aussi la réclamation suivante à M. le président de l'Institut, qui en donna communication à l'Académie, dans sa séance du 16 *janvier* 1865 :

« Monsieur le Président,

« Au moment où l'attention de l'Académie a été de nouveau appelée sur l'application de l'acide phénique à la thérapeutique des plaies gangréneuses ou de mauvaise nature, il me sera peut-être permis de rappeler que j'ai été *le premier*, en 1849, à proposer pour cet usage l'emploi du coaltar, *qui doit ses propriétés antiputrides à cet acide* et à quelques autres des principes immédiats qui y sont contenus. C'est l'observation de ces propriétés, en faisant des recherches dans une autre voie, qui m'y avait conduit. A la suite du retentissement qu'eurent, à cette époque, les essais faits à Paris et à l'armée d'Italie avec la poudre désinfectante à laquelle *mon nom est resté attaché*, de nombreuses recherches furent entreprises pour tirer parti *du principe que j'avais posé.* Il en est résulté divers perfectionnements dans l'emploi des propriétés modificatrices du goudron de houille sur les plaies, propriétés dont *j'avais le premier constaté l'heureuse action.* Je suis bien loin de méconnaître l'importance et le mérite de tous ces efforts, dont l'efficacité ne peut plus être contestée maintenant; mais j'ai le droit, ce me semble, de les considérer comme une *conséquence de mes travaux*, comme des pas faits sur la voie que j'ai ouverte à la thérapeutique.

« De mon côté, je ne suis point resté inactif sur cette même voie. Après avoir constaté les effets du coaltar appliqué sur les plaies au moyen des divers véhicules que je lui avais trouvés dans mes recherches antérieures, j'ai voulu me rendre compte de l'action de ses composants pris isolément, et le principal objet de cette courte Note est de signaler les bons effets de l'un d'eux, qui ont été méconnus. Je veux parler de la benzine, à titre d'agent antiseptique et modificateur des plaies ou trajets fistuleux de mauvaise nature.

« Dans un ouvrage récent sur l'acide phénique, à propos des dérivés du coaltar qui pourraient être choisis, il est dit ceci : « La benzine est à peu « près insoluble dans l'eau. Son odeur est pénétrante. Elle est très-irritante « et d'un maniement difficile. Ce n'est donc pas elle qu'il faut prendre. » Des observations, qui remontent à plusieurs années, m'ont appris que, mélangée aux huiles fixes en diverses proportions, la benzine exerce au contraire une action antiseptique très-énergique et devient très-facile à manier.

« Dans un Mémoire ultérieur, je ferai connaître ces proportions et le mode d'emploi du mélange d'huile et de benzine, en appuyant son efficacité sur des observations dont plusieurs, d'après mes indications, ont été recueillies par mon voisin, M. le docteur Gipoulon. »

Le journal le *Siècle*, ayant ensuite publié, dans son numéro du

13 *mars* (*Voir* Documents n° 1, page 51), un article fort remarquable de M. Gaudin sur l'acide phénique, M. le docteur Jules Lemaire adressa à ce journal la lettre que voici :

« Paris, le 16 mars 1865.

« Monsieur le Directeur,

« Je viens de lire seulement aujourd'hui, dans le *Siècle* du 13 mars, un article de M. Gaudin sur les maladies contagieuses.

« Dans ce travail, l'auteur dit que l'acide phénique est appelé à rendre de grands services pour détruire les germes microscopiques qui existent dans l'air, et pour combattre les effets redoutables de la gangrène, de la pourriture d'hôpital, de l'angine couenneuse, de la fièvre typhoïde et de toutes les maladies qui résultent de l'invasion d'un ferment de putréfaction. Il attribue la découverte de ces faits à M. Déclat. C'est une erreur. J'aurais laissé à l'histoire le soin de la rectifier si je n'avais trouvé mon nom cité dans ce même article et d'une façon telle qu'il m'est impossible de le laisser sans réponse. Voici le passage qui me concerne :

« C'est même l'importance des résultats acquis par M. Déclat de prime-« abord qui a déjà donné lieu à une réclamation de priorité de la part de « M. Lemaire, un de ses confrères, chose qui arrive toujours en pareil cas. »

## Puis il ajoute :

« Ce n'est pas ici le lieu d'examiner la validité de cette réclamation. »

« Comment! M. Gaudin m'accuse d'une action blâmable, et il omet d'examiner la validité de ma réclamation, que j'ai adressée, avec pièces justificatives, au premier corps savant du monde, l'Institut de France ! Il est d'autant plus coupable que ce corps savant a fait insérer ma réclamation tout entière dans ses comptes rendus, faveur dont il n'abuse pas. Dans cette réclamation, j'établis un parallèle entre les travaux de M. Déclat et les miens; je démontre que *mes recherches sur l'acide phénique et le coaltar ont commencé en* 1859, et que chaque année, *jusqu'en* 1863, je n'ai cessé de publier leurs résultats dans les journaux scientifiques, dans des brochures et dans un livre.

« Ce n'est pas tout. Plusieurs journaux politiques, et d'autres consacrés exclusivement à la science, ont pris ma défense. Dans l'un, on m'appelle *le père nourricier de l'acide phénique* (*voir* : documents, n° 3) et voici ce que dit M. Grandeau, le 17 janvier, dans le journal le *Temps* : « Il résulte évi-« demment des faits qui précèdent que tout le mérite de l'application de « l'acide phénique à la médecine revient à M. le docteur J. Lemaire, et « que M. Déclat n'a rien là à prétendre. » C'est en présence de pareils faits que M. Gaudin dit : « *Ce n'est pas ici le lieu d'examiner la validité de cette « réclamation.* » Je laisse aux lecteurs du *Siècle* l'appréciation d'une pareille conduite.

« Puisque M. Gaudin ne connaît pas l'histoire de l'acide phénique, il est utile que je lui dise, pour lui éviter de retomber dans la même erreur, que *c'est moi* qui ai démontré, *de* 1859 *à* 1863, *dans plus de* 400 *expériences*, son action physiologique et thérapeutique; que *c'est moi* qui ai, le *premier*, donné les règles à suivre pour son emploi à l'intérieur *et à l'extérieur*, et démontré son mode d'action dans la *désinfection* sur les ferments, les venins, les virus, les *miasmes*, et qu'une dose impondérable suffit pour tuer les mycrophytes, les microzoaires ou leurs germes.

« C'est moi qui ai démontré qu'il empêche la formation du pus et prévient son altération; qui ai guéri le premier, avec lui, *la gangrène, le charbon, les piqûres anatomiques* et celles de *mouches venimeuses, la gale, la teigne*, etc. J'ai fait plus encore : les propriétés remarquables de l'acide phénique que j'ai mises en évidence m'ont permis d'éclairer des questions de physiologie et de pathologie générales de la plus haute importance.

« Maintenant, voyons ce qu'a fait M. Déclat. Sa première et seule publication sur l'acide phénique date du 2 janvier 1865, c'est-à-dire plus de cinq

ans après la publication de mes premiers travaux, et deux ans après celle de
mon livre sur l'acide phénique. Ce mémoire contient une douzaine d'observations, dont six seulement appartiennent à M. Déclat, sur les applications de
cet acide : une de gangrène, deux de catarrhe vésical, une de pierre, une
d'abcès utérin et une de maladie de la langue. Ainsi, dans ce travail, M. Déclat n'a fait qu'imiter dans de très-étroites limites les nombreuses applications que j'avais faites avant lui.

« Quelles sont les expériences qu'il a produites pour éclairer toutes les questions dont j'ai parlé ? Aucune. Il a pu causer sur elles très-agréablement dans
ses conférences, *s'inspirant de mes travaux*, mais, quant à son concours
scientifique pour la solution de ces importantes questions, il peut être résumé
par ces trois mots célèbres : *Rien, rien, rien.*

« J'espère, monsieur, que, dans l'intérêt de la vérité et de la science, vous
voudrez bien insérer ma réclamation dans votre plus prochain numéro.

« Jules Lemaire. »

M. Gaudin répondit par la lettre ci-jointe, que publia le *Siècle*, le
19 *avril* suivant :

« *A Monsieur le Directeur du* Siècle.

« Quand j'ai écrit mon article sur l'emploi de l'acide phénique en agriculture
et en médecine, j'étais certain d'avance qu'il surgirait une réclamation de
M. le docteur Lemaire ; mais le caractère passionné des articles en sa faveur
que j'avais lus antérieurement ne me permettait pas d'y ajouter une foi entière.

« Je savais très-bien que M. Lemaire s'était beaucoup occupé des applications
diverses de l'acide phénique, mais à un point de vue tout autre.

« Puisque M. Lemaire exige que je lui fournisse des preuves en faveur de
M. le docteur Déclat, les voici :

« En tête du feuilleton scientifique du *Constitutionnel* du 4 janvier, voici ce
que je lis :

« M. Flourens signale, parmi la correspondance, un Mémoire de M. le doc-
« teur Déclat qui mérite à tous égards de fixer l'attention de l'Académie.
« M. Déclat, dit le savant secrétaire perpétuel, a le premier utilisé l'acide
« phénique, et, dès 1861, il en faisait une application suivie très-remar-
« quable. Une gangrène survenue après la fracture de la colonne vertébrale
« fut guérie par l'acide phénique d'une manière réellement miraculeuse.

« Même résultat dans le cas d'engorgement de maladies de vessie. M. Dé-
« clat a obtenu également de grands succès en administrant le nouveau
« médicament à l'intérieur, et presque dans toutes les maladies organiques.
« Le travail du savant docteur est considérable, et je me permettrai, ajoute
« M. Flourens, de le placer au nombre de ceux qui doivent être présentés
« pour remporter le prix de médecine et de chirurgie. »

« Est-ce clair ?

« A cela M. Lemaire me répondra qu'il a écrit sur l'acide phénique un livre
tout entier qui a paru dès les premiers jours de 1864. Hier donc j'ai pu me
procurer ce livre et l'ai lu avec la plus grande attention.

« D'après ce livre, M. le docteur Lemaire débute par l'empoisonnement des
animaux à l'aide de l'acide phénique, administré sans doute à trop forte dose
et à toute autre intention. Puis, en s'aidant des conseils et de la collaboration du célèbre professeur Gratiolet, dont nous déplorons la perte récente,
de M. Terreil, préparateur, de M. Frémy et des préparateurs de M. Flourens, il a fait une série de recherches très-intéressantes, je dirai même clas-
siques, sur les propriétés *antifermentescibles* et *insecticides* de cet acide
phénique.

« Il a constaté, entre autres choses, la faculté qu'il possède d'annihiler
l'effet du vaccin et autres *virus;* ce qui est tout à fait favorable aux idées de
l'auteur, que je partage avec lui, du reste, savoir : que les virus sont doués
de *vitalité*, tandis qu'avec les *venins* les effets n'ont plus été les mêmes, probablement parce qu'ils ne constituent pas une *semence vivante.*

« A la fin de son livre, j'y vois l'exposé de traitements heureux d'eczémas
par l'eau phénique; et aussi sous ce titre : *Pathologie interne, page 406*, ces
mots caractéristiques:

« *J'ai à peine employé l'acide phénique pour combattre les maladies internes.*
Est-ce clair ?

« D'après ces données, voici donc mes conclusions :

« La priorité pour les divers emplois des préparations phéniques appartient :

« De 1857 à 1860, à MM. *Bibœuf* et *Lebeuf*, suivant les brevets qu'ils ont pris
à ces époques, pour les applications à l'agriculture, à l'industrie et à la médecine, du coaltar saponiné, des phénates alcalins et de l'eau phéniquée;

« De 1861 à 1865, à M. le docteur Déclat, pour l'emploi judicieux en thérapeutique des préparations phéniques, avec cures nombreuses de diverses
maladies et affections graves;

« De 1863 à 1865, à M. le docteur Lemaire, pour les recherches, les applications et les idées contenues dans son livre, *qui ne sont pas primées par des
travaux antérieurs*, ce qui atténue singulièrement la portée de sa réclamation, où il se pose, pour ainsi dire, en *propriétaire* de l'acide phénique.

« Malgré la dédicace que M. Lemaire lui a faite de son livre, et qu'il a
acceptée sans doute, M. Flourens accorde la priorité à M. Déclat pour l'application de l'acide phénique en médecine. Il me semble donc, en définitive,
que MM. Déclat et Lemaire ont acquis autant de mérite l'un que l'autre,
chacun dans la sphère propre de ses travaux.

« Veuillez, monsieur le Directeur, agréer mes salutations empressées.

« A. GAUDIN, *rue Oudinot, 6.* »

M. le docteur Lemaire adressa aussitôt (25 avril 1865) la réponse
suivante à M. le directeur du *Siècle*, qui l'inséra dans son journal
le 24 mai suivant :

Monsieur le Directeur,

Dans une lettre que vous avez eu l'obligeance d'insérer dans votre esti-
mable journal le 21 mars dernier, je reprochais à M. Gaudin d'avoir travesti
l'histoire de l'acide phénique. Je lui indiquais les moyens de s'éclairer en le
renvoyant aux travaux que j'ai publiés depuis 1859 jusqu'à 1863 sur ce corps
remarquable.

Mais il paraît qu'il a un parti pris, car, après un mois de réflexion et après
avoir lu, dit-il, mes publications, il recommence, dans le *Siècle* du 19 avril,
à dénaturer les faits et à dénigrer mes travaux.

Malgré la répugnance que j'éprouve à discuter dans de semblables conditions une question toute scientifique, je ferai encore, dans l'intérêt de la vérité, un effort pour éclairer les lecteurs du *Siècle* sur la valeur des assertions
de M. Gaudin.

Il dit que, après avoir pris connaissance de mes travaux, il est conduit à
conclure de la manière suivante :

« La priorité pour les divers emplois des préparations phéniques appar-
« tient, de 1857 à 1860, à MM. *Bobœuf* et *Lebeuf*, suivant les brevets qu'ils
« ont pris à cette époque pour les applications à l'agriculture, à l'industrie et
« à la médecine, du coaltar saponiné, des phénates alcalins et *de l'eau phéni-*
« *quée.*

« De 1861 à 1865 (la priorité) à M. le docteur Déclat pour l'emploi judi-
« cieux en thérapeutique, etc.

« De 1863 à 1865 (la priorité) à M. le docteur Jules Lemaire pour les re-
« cherches, les applications, etc. » Je ferai de suite observer que *mes premiers travaux remontent à 1859*, et que je n'ai rien publié sur l'acide phénique depuis 1863.

Les citations de M. Gaudin sont remplies de contradictions, d'erreurs, et la
vérité y est plusieurs fois altérée. Je vais le prouver.

*Contradictions.* — Si la propriété appartient à MM. *Bobœuf* et *Lebeuf*, de
1857 à 1860, pour les applications de l'acide phénique à la médecine, comment
peut-elle appartenir à M. Déclat de 1861 à 1865, puis à moi de 1863 à 1865?

C'est presque risible. Cette confusion ne serait-elle point faite pour embrouiller la question?

*Erreurs.* — *Les brevets de M. Bobœuf* ont été pris de 1857 à 1858 et non de 1857 à 1860. C'est pour un nouveau procédé de préparation de l'acide picrique; puis pour la séparation par la saponification des huiles acides du coaltar et pour un certain nombre de leurs applications à l'industrie et *à l'hygiène*, ce qui diffère notablement de ce que dit M. Gaudin.

M. Lebeuf, mon ami, n'a jamais rien publié sur l'acide phénique; mais il a donné la formule de son coaltar saponiné, dont j'ai étudié et fait connaître les propriétés. Ni M. Bobœuf, ni M. Lebeuf n'ont pris et n'ont pu prendre de brevet pour l'exploitation des applications du coaltar saponiné et de l'acide phénique à la thérapeutique, attendu qu'en France la loi le défend. Quant à *l'eau phéniquée,* c'est moi qui ait créé cette expression. On la trouve pour la première fois dans mon mémoire sur l'acide phénique, dont la publication a été commencée, le 8 octobre 1861, dans le *Moniteur des sciences médicales.*

Je l'ai dit et prouvé à l'Académie des sciences et dans ma précédente lettre, l'acide phénique, avant mes recherches, *n'était pas employé en médecine.* Une citation empruntée à un rapport fait, le 6 février 1860, à l'Académie des sciences par M. Velpeau, va le démontrer une fois de plus: « Que ce soit l'a- « cide phénique, ou bien l'acide rosalique, brunolique, l'aniline ou la pico- « line du coaltar qui désinfecte, peu importe au fond. La science le dira un jour. » (Rapport sur divers moyens désinfectants).

Ainsi, au commencement de 1860, non-seulement l'acide phénique n'était pas employé en médecine, mais on discutait encore pour savoir si c'était à lui ou à d'autres corps que le coaltar doit ses remarquables propriétés. C'est mon premier mémoire, assez volumineux, intitulé : *Du coaltar saponiné*, que j'ai publié *en juin* 1860, et mis en vente chez Germer-Baillière, qui a fixé la science sur ce point. C'est dans ce travail que sont commencées mes recherches sur l'acide phénique. Il contient plus de quatre-vingts observations recueillies sur l'homme et sur les animaux, et un grand nombre d'expériences faites comparativement avec le coaltar et ses composants. Elles démontrent que l'arrêt de la gangrène, de la formation du pus, etc. (voyez ma première lettre au *Siècle* du 24 mars), sont dus à l'acide phénique. Pour expliquer son mode d'action, j'y recherche la cause de l'altération des tumeurs par l'air atmosphérique, et j'arrive à cette conclusion : *Les germes des ferments vivants contenus dans l'atmosphère sont la cause principale de cette altération.* Enfin, je démontre que le coaltar saponiné *tue ces ferments* à l'aide de l'acide phénique qu'il contient en abondance.

Ce mémoire acquit, dès son apparition, une véritable importance, parce que le plus grand nombre des faits communiqués par moi à l'Académie de médecine en 1859 y sont vérifiés et confirmés par des professeurs des facultés de médecine de Paris, de Bruxelles, de Madrid et de l'école vétérinaire d'Alfort, enfin par des chirurgiens espagnols pendant la campagne du Maroc. C'est d'après mon invitation que tous ces maîtres de la science médicale ont bien voulu expérimenter cette préparation. Tout cela est imprimé depuis cinq ans. Il est donc facile à ceux qui le voudront de vérifier et de juger.

M. Gaudin cite des paroles qui, dit-il, ont été prononcées à l'Académie des sciences à l'occasion du mémoire de M. Déclat. Je ferai remarquer que le compte-rendu officiel de cette séance n'en contient pas un mot. Tandis que la réclamation de priorité adressée par moi à ce sujet, et renfermant cette phrase : *M. Déclat s'attribue des découvertes que j'ai faites et publiées plusieurs années avant lui,* y a été insérée tout entière.

M. Gaudin dit que dans mon livre sur l'acide phénique, *je commence par empoisonner des animaux avec cet acide administré sans doute à trop forte dose et à toute autre intention.* Comme on le voit, c'est peu charitable.

Ces expériences, au contraire, ont été faites avec le plus grand soin pour éclairer les médecins et les vétérinaires sur l'action physiologique de cet acide, sur son meilleur mode d'emploi et sur les doses auxquelles on peut l'administrer sans danger. Elles ont été répétées devant des physiologistes de premier ordre, qu'elles ont beaucoup intéressés. M. Chevreul les invoque dans un travail de haute portée qu'il publie en ce moment dans le *Journal des savants*. On voit ici, dans ce qui précède, M. Gaudin à côté de la vérité.

Il cite une phrase de mon livre qui, détachée de l'ensemble de l'article, n'a pas la signification qu'il lui donne, puisque je rapporte onze observations dans lesquelles j'ai employé cet acide pour combattre des maladies internes. De plus, dans un chapitre intitulé : *Questions à étudier*, j'indique, pages 411, 412 et 413, un grand nombre des maladies de l'homme et des animaux contre lesquelles l'acide phénique me paraît devoir être essayé. J'en fais connaître les motifs et je donne les règles à suivre pour son emploi. C'est là que M. Déclat a appris sans doute la manière de l'administrer, puisqu'il n'a commencé à l'employer à l'intérieur qu'un an après la publication de mon livre. Des expériences personnelles ne pouvaient le guider, car il n'en a fait connaître aucune ; il ne pouvait pas consulter la science pour se diriger, puisque, avant mes recherches, *elle était muette sur ce point*.

Je l'ai dit dans ma précédente lettre, le seul mémoire que M. Déclat a publié sur l'acide phénique (16 pages in-8º, 1865) contient seulement six observations qui lui appartiennent et dans lesquelles il n'a fait qu'imiter ce que j'avais fait et publié bien longtemps avant lui. C'est en se basant sur ces six observations que M. Gaudin annonce aux lecteurs du *Siècle*, que M. Déclat « a obtenu de grands succès de l'emploi de l'acide phénique à l'intérieur, dans presque toutes les maladies organiques. » En rapprochant ces paroles des faits, on voit que M. Gaudin a une intention bien arrêtée d'encenser M. Déclat. Ce motif seul peut m'expliquer la passion et l'injustice de ses deux articles puisque je ne le connais pas.

J'espère, monsieur, que vous voudrez bien insérer cette réponse dans votre plus prochain numéro.

Veuillez, d'avance, recevoir mes remercîments et agréer l'expression de mes sentiments les plus distingués.                            Dr J. LEMAIRE.

Voici la réponse que M. Gaudin a fait insérer dans le journal le *Siècle*, le 17 juillet 1865 :

Monsieur le directeur du journal le *Siècle*.

Je suis contraint de répondre à la nouvelle réclamation de M. Lemaire, qui a paru dans le numéro du 24 mai dernier, car je ne trouve pas cette seconde réclamation plus fondée que la première.

Et d'abord, si ma réponse a paru un mois après la première de M. Lemaire, ce retard ne doit pas m'être reproché comme il le fait ; j'ai remis ma réponse au *Siècle* quatre jours après avoir eu connaissance de sa réclamation ; mais la place a manqué dans le journal ; car, en définitive, cette polémique toute personnelle est peu intéressante pour les lecteurs du *Siècle*, et, sans l'intention bien arrêtée d'observer la plus stricte impartialité, qui est un principe, on n'eût pas accueilli aussi facilement les réclamations de M. Lemaire.

J'avais cru devoir user de la plus grande modération. Mais puisque M. Lemaire insinue que je n'ai pas été assez explicite, je vais cette fois être très-clair. Pour clore définitivement ce débat, je me bornerai donc à répondre nettement aux prétentions de M. Lemaire, en plaçant en regard de ses assertions des pièces officielles qu'il ne pourra pas révoquer en doute.

### M. LEMAIRE.

Les citations de M. Gaudin sont remplies de contradictions, d'erreurs, et la vérité y est plusieurs fois altérée, je vais le prouver.

M. Lebeuf, mon ami, n'a jamais rien publié sur l'acide phénique ; mais il a donné la formule de son *coaltar saponiné*, dont j'ai cherché et fait connaître les propriétés. Ni M. Bobœuf ni M. Lebeuf *n'ont pris et n'ont pu prendre* de brevet pour l'exploitation des applications du *coaltar saponiné* et de l'acide phénique à la thérapeutique, attendu *qu'en France la loi le défend*.

Je l'ai dit et prouvé à l'Académie des sciences et dans ma précédente lettre, l'acide phénique, avant mes recherches, n'était pas employé en médecine. Une citation empruntée à un rapport fait le 5 février 1860 à l'Académie des sciences par M. Velpeau, va le démontrer une fois de plus : « Que ce soit « l'acide phénique, ou bien l'acide rosolique, brunolique, l'aniline ou la pi-« coline du coaltar qui désinfecte, peu importe au fond, la science le dira « un jour. »

M. Gaudin cite les paroles qui, dit-il, ont été prononcées à l'Académie des sciences à l'occasion du mémoire de M. Déclat. Je ferai remarquer que le compte rendu officiel de cette séance n'en contient pas un mot. Tandis que la réclamation de priorité adressée par moi à ce sujet, et renfermant cette phrase : « M. Déclat s'attribue des découvertes que j'ai faites et publiées plusieurs années avant lui, » y a été insérée tout entière.

M. Gaudin dit que dans mon livre sur l'acide phénique, « je commence par empoisonner des animaux avec cet acide, administré sans doute à trop forte dose, et à toute autre intention. » Comme on le voit, c'est très-peu charitable.

C'est dans mon livre que M. Déclat a appris sans doute la manière d'administrer l'acide phénique, puisqu'il n'a commencé à l'employer à l'intérieur qu'un an après la publication de mon livre. Des expériences personnelles ne pouvaient le guider, car il n'en fait connaître aucune; il ne pouvait pas consulter la science pour se diriger, puisque, avant mes recherches, elle était muette sur ce point.

En rapprochant les paroles de M. Gaudin des faits, on voit qu'il a une intention bien arrêtée d'encenser M. Déclat. Ce motif seul peut m'expliquer la passion et l'injustice de ses deux articles, puisque je ne le connais pas.

M. GAUDIN.

M. Bobœuf a si bien pris un brevet d'invention pour l'application des préparations phéniquées à la médecine, que M. Lemaire l'avoue dans son livre et les critique tant bien que mal.

COMPTES RENDUS DE L'ACADÉMIE.

M. Lebeuf, l'inventeur du *coaltar saponiné*, et M. Lemaire adressent à l'Académie avec des échantillons, une note sur les propriétés de la teinture alcoolique de saponine, et surtout sur l'emploi de l'émulsion de *coaltar saponiné* pour panser les plaies gangréneuses et autres solutions de continuité de mauvaise nature.
6 septembre 1859.

*Comptes rendus.* — 3 septembre 1860.

M. Lemaire prie l'Académie de vouloir bien comprendre dans le nombre des pièces admises au concours pour les prix de médecine et de chirurgie les communications qu'il lui a faites concernant le *coaltar saponiné*.

Il n'est plus question de M. Lebeuf, l'inventeur, son ami. Qu'est-il devenu?

5 novembre 1860.

MM. Lemaire et Gery présentent une note ayant pour titre : NOUVEAUX FAITS QUI DÉMONTRENT QUE LE COALTAR SAPONINÉ EMPÊCHE LA FORMATION DU PUS. Cette fois, M. Lebeuf a été remplacé par un autre.

*Comptes rendus de l'Académie des sciences.*
4 mars 1861.

M. Lemaire indique l'eau phéniquée pour guérir la gale.

Ces recherches ont été dirigées par M. Bazin, médecin de l'hôpital Saint-Louis. A qui revient le mérite, à M. Lemaire ou à M. Bazin?

Dans son rapport, M. Velpeau dit : « Que ce soit l'acide phénique, comme le croit M. Calvert, ou bien l'acide rosolique, etc.

Puis, après avoir reconnu une grande efficacité aux préparations de coaltar de MM. Corne et Demaux, il se prononce ainsi sur la valeur du *coaltar saponiné* de MM. Lebeuf et Lemaire :

« Nous l'avons essayé soit au moyen de compresses, soit en imbibant de la
« charpie ; *la vérité est* que la plupart des malades s'en sont plaints assez vi-
« vement, que les plaies n'ont à peu près rien éprouvé de satisfaisant, et
« que par son emploi la désinfection est restée très-imparfaite. La poudre
« plâtrée ou les cataplasmes ont été mis à sa place sur les mêmes plaies avec
« un avantage marqué. »

Ainsi, M. Lemaire, qui prétend que je suis à côté de la vérité, se trouve,
lui, à cent lieues de la vérité sur les points essentiels d'un rapport qu'il invoque ; car M. Velpeau y accorde la priorité à M. Calvert pour avoir présenté
le premier le rôle de l'acide phénique, et il déclare ouvertement que le *coaltar* saponiné que M. Lemaire disputait presque à son inventeur, ne vaut rien,
ainsi n'en parlons plus.

Relativement à mes insinuations peu charitables sur l'empoisonnement
des animaux par M. Lemaire, voici ce que j'ai à dire aujourd'hui :

On lit, page 76 du livre de M. Lemaire :

« Toutefois, le chien de M. Flourens, qui a pris environ 3 grammes d'a-
« cide phénique, a succombé trois jours après à une pneumonie. Cet animal
« nous a donné beaucoup de peine pour l'ingestion de l'acide. La solution a
« été versée dans le pharynx pour le forcer à l'avaler ; il y a eu un peu d'a-
« cide perdu à la première ingestion. Ne voyant pas les symptômes ordinaires
« se produire, j'administrai une nouvelle nose d'acide qui produisit les effets
« que j'ai rapportés.

« Après ouverture, page 77 :

« *Réflexions.* — Les lésions que présentaient les organes respiratoires
« étaient-elles le résultat d'une intoxication ? Doit-on les attribuer à la péné-
« tration de l'acide dans les bronches, ou bien le chien était-il malade à
« notre insu ? »

M. Lemaire ne sait donc pas s'il a empoisonné le chien sans le vouloir ; ni
moi non plus.

Les comptes rendus ne rapportent jamais les éloges donnés aux auteurs
qui présentent un travail, c'est pourquoi les paroles prononcées par M. Flourens n'en restent pas moins acquises à M. Déclat. Quant aux réclamations,
elles sont toujours insérées intégralement dans les comptes rendus, parce
que l'Académie laisse chacun responsable de ses œuvres.

En résumé donc, tout disparaît dans le débat, excepté la priorité pour
l'emploi de l'acide phénique, et voici comment elle se partage :

En 1860, M. Parisel le met le premier en lumière dans son travail sur les
dérivés du goudron de houille. Il publie cette année une formule contre les
rhumatismes et les eczémas où l'huile lourde de gaz (acide phénique brut)
est combinée à l'eau et au suc de menthe.

Le 4 mars 1861, M. Lemaire publie en son nom les guérisons de gale opé-
rées par M. Bazin à l'aide de l'eau phéniquée.

Le 1er décembre 1861, M. Déclat se sert pour la première fois de l'acide
phénique, et n'a cessé de l'administrer avec sucès.

En décembre 1863, M. Lemaire publie son livre sur l'acide phénique, que
l'on peut considérer comme écrit en collaboration avec une foule de savants
d'élite ; mais il s'applique le tout, bien entendu ; il voudrait en faire autant
des travaux de M. Déclat, qui ne veut pas le laisser faire, ce qui me paraît
tout naturel.

Veuillez, monsieur, agréer mes salutations les plus empressées.

M.-A. GAUDIN,<br>rue Oudinot, 6.

*P. S.* Ma lettre était écrite lorsque j'ai reçu une réclamation très-circons-
tanciée de M. Bobœuf, adressée au *Siecle*, qui confirme tout ce que j'ai dit.
On y voit que M. Bobœuf a été aussi l'un des premiers promoteurs de l'emploi de l'acide phénique, et il est *le seul*, quant à présent, *qui ait reçu un
prix de l'Institut pour ses travaux.*

Telles sont les réclamations et prétentions que la communication du Mémoire de M. Déclat a jusqu'ici provoquées. J'ai jugé indispensable de les reproduire avec exactitude, afin que l'Académie pût en apprécier la valeur.

Ces prétentions de M. Lemaire et de M. Corne sont-elles justifiées?

Nullement, ainsi que l'Académie va pouvoir en juger d'abord par les faits suivants :

MM. CORNE et DEMEAUX ayant proposé, en 1859, l'emploi du *coaltar* (goudron de houille) pour la désinfection et la guérison des plaies et blessures, l'Académie nomma une commission, composée de MM. CHEVREUL, VELPEAU et J. CLOQUET, pour apprécier la valeur de leur nouveau topique; mais :

*Le 9 septembre* 1859, j'adressai à M. *Chevreul*, président de ladite commission, un Mémoire ayant non-seulement pour but de revendiquer la priorité de l'application des produits de la houille pour la désinfection des substances animales, sur MM. Corne et Demeaux, pour laquelle j'étais breveté depuis 1857, mais encore dans le but d'appeler l'attention de l'Institut sur ce point :

Que le coaltar étant un produit de composition essentiellement variable, les préparations dans lesquelles on ferait entrer ce produit ne pouvaient être accueillies avec confiance dans la thérapeutique, attendu que les résultats en seraient toujours incertains, tandis qu'en employant les *dissolutions aqueuses* des huiles essentielles *acides* provenant de la distillation des goudrons de houille, ou mieux encore, les dissolutions des phénates alcalins et notamment du *phénol sodique*, qui sont toujours identiques, on obtiendrait des résultats constants et invariables.

*Le 15 décembre* 1859, j'adressai, en outre, à l'Académie un nouveau Mémoire sur les propriétés *désinfectantes*, *antiputrides* et *tannantes* de l'acide phénique.

Ce Mémoire fut renvoyé devant la même commission que celle nommée pour MM. Corne et Demeaux, et je fus admis à concourir pour les futurs prix Montyon que l'Académie devait décerner en 1860.

*Le 25 juillet* 1860, M. JULES LEMAIRE adressa de son côté, et POUR LA PREMIÈRE FOIS SEULEMENT, un Mémoire à l'Académie, ayant pour objet : de démontrer la supériorité des dissolutions du coaltar dans l'alcool mélangé à la saponine, sur le coaltar préparé et employé par MM. Corne et Demeaux pour la guérison des blessures, etc.

Ce Mémoire, comme les miens, fut renvoyé à l'appréciation des mêmes commissaires déjà nommés, c'est-à-dire de MM. Chevreul, Velpeau et J. Cloquet.

*Le 9 juillet* 1860, j'adressai alors de nouveau un troisième Mémoire pour démontrer que le *coaltar saponiné*, préconisé par M. Lemaire, étant, bien que supérieur en réalité à celui de MM. Corne et Demeaux, de nature aussi complexe et incertaine que celui de ces deux premiers inventeurs, ce nouveau produit ne pouvait offrir, en conséquence, aucune garantie de plus que le leur, et qu'à toutes ces préparations diverses du coaltar on devait préférer, ainsi que je l'avais déjà indiqué, les *dissolutions aqueuses* de l'acide phénique et de préférence celles de ses *sels alcalins.*

Ce Mémoire, comme les Mémoires précédents, fut renvoyé à l'appréciation de la même commission. (Voir les *Comptes rendus* des séances de l'Académie, vol. LI, page 61.)

En présence des observations et des allégations qui avaient été faites, tant par moi que par d'autres chimistes et médecins distingués, M. Lemaire se mit alors à faire des expérimentations, et présenta :

*Le 4 mars 1861*, un second Mémoire ayant pour objet de prouver (*contrairement à ce que j'avais affirmé jusque-là*) :

Que les *phénates alcalins*, signalés par moi comme agents thérapeutiques préférables à toutes les préparations diverses du coaltar, *perdaient* en grande partie, *de leur pouvoir désinfectant*, et, qu'en outre, leurs dissolutions étaient *très-irritantes*, ce qui devait les faire exclure pour le pansement des plaies.

Ce Mémoire fut encore renvoyé à l'examen des mêmes commissaires, qui, cependant, et *malgré les divers Mémoires et affirmations de M. Lemaire contre mes travaux*, voulurent bien me faire l'honneur de me désigner à l'Académie pour UN DES PRIX MONTYON qu'elle avait à décerner et qu'elle me décerna LE 25 MARS 1861, ainsi que le prouve la lettre ci-jointe (1).

Puisque MM. Lemaire et Corne regardent comme non avenue la récompense qui m'a été décernée par l'Académie, *et pour laquelle ils ont concouru en même temps que moi*, puisqu'ils continuent à se dire les premiers applicateurs de l'acide phénique *à l'hygiène et à la thérapeutique*, je vais prouver de nouveau que toutes leurs prétentions et réclamations sont toujours sans fondement.

---

(1) « A Monsieur Bobœuf,            Paris, le 18 mars 1861.
« J'ai l'honneur de vous prévenir que l'Académie des sciences tiendra sa séance publique annuelle lundi prochain, 25 *mars* 1861. à deux heures précises.
« Je vous invite, Monsieur, AU NOM DE L'ACADÉMIE, à assister à cette séance pour y entendre proclamer *la récompense qui vous a été décernée* (Concours des arts insalubres, fondation Montyon, année 1861) *pour l'emploi des produits de la distillation de la houille*, et pour avoir constaté L'EFFICACITÉ DU PHÉNOL, pour la désinfection des matières putrides, etc.
« Je saisis avec empressement, Monsieur, cette occasion de vous offrir mes félicitations particulières et de vous témoigner tout l'intérêt que l'Académie prend à vos travaux et à vos succès.
« Cette lettre vous servira de billet d'entrée personnelle.
« Agréez, etc.       Le secrétaire perpétuel de l'Académie, Signé : FLOURENS. »

## Prétentions et réclamations de M. Lemaire.

**Suivant M. Lemaire :**

Bien loin que ce soit **M.** le docteur Déclat qui le premier ait reconnu les propriétés de l'acide phénique et qui en ait fait l'application pour la guérison de diverses maladies, l'honorable docteur affirme que *c'est à lui*, au contraire, que cette découverte doit être attribuée. Il invoque, à l'appui de sa prétention :

1° L'envoi, à la date du 8 *septembre* 1859, d'une *note* adressée par lui à l'Académie de médecine sur l'emploi du *coaltar saponiné* dans les plaies gangréneuses;

2° La publication, *en juin* 1860, d'une brochure sur le *coaltar saponiné* et ses applications ;

3° L'envoi fait par lui, le 4 *mars* 1861, d'un Mémoire à l'Académie des Sciences sur les *applications de l'acide phénique à l'hygiène et à la thérapeutique*;

4° La publication, depuis 1861, de ses travaux et expériences dans divers journaux médicaux ou scientifiques, ainsi que celle d'une brochure de 432 pages éditée en 1863;

5° Les protestations par lui faites dans ses lettres publiées les 21 mars et 24 avril 1865 dans le journal le *Siècle*, ayant pour objet de prouver authentiquement :

Que c'est lui *le premier* qui, de 1859 à 1863, a *découvert* et *étudié* les propriétés de l'acide phénique et démontré son action physiologique et thérapeutique ; donné les règles à suivre pour son emploi à l'intérieur et à l'extérieur, et, qu'en conséquence, c'est à lui qu'appartient *la priorité* de tous les résultats qui peuvent être obtenus par l'emploi de l'acide phénique.

Examinons chacune de ces allégations :

1° En affirmant tout d'abord, comme il l'a fait dans sa lettre adressée au journal le *Siècle*, que *depuis* 1859 il s'est occupé de recherches constantes sur les propriétés et les applications de l'acide phénique, M. Lemaire commet *sciemment une erreur volontaire*, puisqu'il sait pertinemment que la première communication qu'il a faite, le 8 *septembre* 1859, à l'Académie de médecine était, non pas une *note* adressée *par lui* à cette Académie *sur les propriétés de l'acide phénique*, qu'il ne connaissait pas encore, mais une *note* de M. Lebeuf, pharmacien de Bayonne (qu'aujourd'hui M. Lemaire ne signale pas plus, comme inventeur, dans ses réclamations que s'il n'avait jamais existé), sur les propriétés du *coaltar saponiné* dont M. Lebeuf était l'*inventeur* et qu'il jugeait préférable, pour le pansement des blessures, au coaltar naturel employé avant lui par MM. Corne et Demeaux. En voici la preuve :

En *juin* 1860, M. Lemaire publia, *à ce qu'il affirme*, à la librairie de *Germer-Baillière*, rue de l'Ecole-de-Médecine, 17, une brochure intitulée : *Du coaltar saponiné*, etc.

L'avant-propos de cet ouvrage commence ainsi :

« En 1850, M. F. Lebeuf, pharmacien de première classe, de Bayonne, a présenté à l'Académie des sciences *un Mémoire sur la saponine*, dans lequel il a constaté ce fait important, savoir : que toutes les substances insolubles dans l'eau et solubles dans l'alcool, peuvent, lorsqu'on ajoute de la saponine à leur soluté alcoolique, se diviser à l'infini dans l'eau et former des émulsions stables. Ce fait ne fut pas mis à profit par la pharmacie. On peut dire même qu'il a été oublié.

« L'été dernier (1859), au moment où les *Académies retentissaient des merveilleux effets désinfectants du coaltar*, M. Ferdinand Lebeuf *me parla de son travail*, me proposa d'étudier les propriétés de ses diverses préparations et de déterminer les applications qu'on en pourrait faire. J'acceptai. Ainsi, à M. Ferd. Lebeuf la DÉCOUVERTE DU MOYEN, ET A MOI SON ÉTUDE, SES APPLICATIONS.

« Je fis le *premier essai du coaltar saponiné* au mois d'août dernier (1859), sur une malade atteinte *d'une plaie gangréneuse*. L'*action désinfectante* a été complète et si prompte, que j'en informai presque immédiatement M. *Lebeuf* par une lettre dans laquelle je lui racontais ce que j'avais vu. Ce pharmacien, enthousiasmé de ce résultat, M'ENVOYA UNE NOTE dans laquelle il rapporta *ce que je lui avais dit dans ma lettre*, et *me pria* de la communiquer, EN SON NOM *et au mien*, à l'Académie impériale, ce que je fis le 8 *septembre* 1859. »

D'après ce prologue, il est facile de s'apercevoir que M. Lemaire a déjà pour but arrêté de s'approprier les recherches et les travaux antérieurs des autres, puisqu'il commence par déclarer avec assurance :

Qu'il est *le premier* qui a fait l'essai du coaltar sur une plaie gangréneuse, qu'il a guérie, et que la *note* que M. Lebeuf le prie de transmettre à l'Académie ne signale rien autre chose *que les cures faites précédemment par lui*, et qu'il lui avait fait connaître *dans une lettre* antérieure.

Il est présumable que M. Lebeuf avait bien dû cependant *tenter quelques expériences* avant celles de M. Lemaire, et que c'est pour les faire confirmer par une personne compétente que ce pharmacien lui avait fait l'envoi de ses nouvelles préparations.

Ces premières prétentions de M. Lemaire sont-elles ensuite justifiées ? Aucunement, car :

Si de *merveilleuses guérisons* ont été alors obtenues, est-ce à l'applicateur ou aux substances appliquées que ces guérisons ont été dues?

Si c'est aux substances appliquées, tout le mérite en revient donc en conséquence à M. *Lebeuf*, qui a inventé et préparé le produit qui opère les merveilles, et non à M. Lemaire, qui n'a que celui, déjà très-grand, d'une application raisonnée.

Si M. le docteur Lemaire *n'est pas l'inventeur, ainsi qu'il le reconnaît lui-même*, du topique qui guérit, je ne sais pas alors pourquoi il s'émeut si fort des communications faites par son collègue, M. le docteur *Déclat*, qui applique aussi comme lui avec intelligence les découvertes signalées à la médecine, et vient-il, nouveau Brennus, jeter sa lancette dans la balance de l'Académie pour la faire pencher victorieusement en sa faveur ?

La *découverte du moyen* appartient-elle maintenant à M. Lebeuf, ainsi que le dit M. Lemaire dans cet avant-propos, et est-ce bien lui ensuite qui en a fait l'étude et les *applications?*

Je n'ai pour démontrer le contraire qu'à reprendre les aveux de M. Lemaire :

« L'été dernier (1859), au moment où les Académies retentissaient *des merveilleux effets désinfectants* DU COALTAR, M. Lebeuf me parla de son travail et me proposa *d'étudier les propriétés* de ses diverses préparations et *de déterminer les applications qu'on en pourrait faire*, etc. »

Or, si dans *l'été* de 1859, les Académies *retentissaient déjà des merveilleux effets* DU COALTAR, et que ce retentissement fût motivé par la guérison des *plaies et blessures* qu'il opérait en les *désinfectant*, ou, ce qui revient au même, en prévenant ou arrêtant *les fermentations putrides* produites par les suppurations et sécrétions fétides qu'engendrent les infusoires sous l'influence de l'air atmosphérique, et que ces merveilleux effets aient été obtenus *sans la participation antérieure de M. Lebeuf*, il est certain alors que *la découverte du moyen* n'appartient pas à M. Lebeuf, mais *à celui ou à ceux* qui les premiers avaient signalé ce moyen.

Or, comme c'étaient MM. *Corne et Demeaux* qui faisaient alors *retentir les Académies* des merveilleux effets du coaltar qu'ils avaient signalé,

Donc, c'étaient, *jusque-là*, MM. *Corne et Demeaux* qui avaient fait *la découverte du moyen*, et non M. Lebeuf, qui n'a que le mérite d'avoir rendu le *moyen* trouvé par MM. Corne et Demeaux plus facile et plus apte à être employé, rien de plus.

Quant à *l'étude* et *aux applications du coaltar*, dont M. Lemaire *revendique la propriété*, je pense que le coaltar n'avait pas fait retentir auparavant les Académies en venant se placer tout seul sur les plaies pour les désinfecter, et que d'autres médeçins que M. Lemaire (ne fût-ce que M. *Demeaux*) avaient bien dû l'étudier et surtout l'appliquer avant lui, puisqu'avant qu'il ne l'étudiât les Académies avaient déjà retenti *des merveilleux effets du coaltar*.

Quelle initiative M. Lemaire a-t-il donc prise jusqu'ici, puisque le *moyen* de guérison était déjà inventé avant qu'il y pensât, et que l'étude et l'application du coaltar avaient été faites avant lui par MM. Corne et Demeaux, ainsi que par M. Lebeuf?

M. Lemaire n'a donc découvert, *en l'année* 1859 : 1° ni les propriétés du *coaltar naturel*, qui avaient été déjà signalées par MM. Corne et Demeaux ; 2° ni le *coaltar saponiné* qu'avait inventé M. Lebeuf ; 3° ni les propriétés de l'acide phénique *qu'il ne connaissait pas encore*.

D'où il suit que *la première allégation de M. Lemaire est complétement inexacte*.

Apprécions les autres.

2° M. Lemaire se trompe, en affirmant avoir publié, *en juin* 1860, une brochure de 92 pages sur le *coaltar saponiné*. Ce que M. Lemaire produisit alors, ce fut le *premier Mémoire* qu'il adressa à l'Institut, le 25 *juin* 1860, sur le coaltar saponiné et sur son *emplo* : Mémoire auquel je répondis, le 9 *juillet suivant*, par un autre Mémoire adressé également à l'Académie, ayant pour but de démontrer que le coaltar saponiné, préconisé, le 25 juin précédent, par M. Lemaire, quoique plus perfectionné que le coaltar divisé de MM. Corne et Demeaux, en possédait néanmoins tous les défauts.

La preuve que l'allégation de M. Lemaire est erronée et faite dans le but de se créer *une antériorité à laquelle il pense déjà*, c'est que cette brochure se termine ainsi (page 92) :

« Mon travail était sous PRESSE, lorsque M. Boboeuf a écrit à l'Académie, pour réclamer la priorité sur MM. Corne et Demeaux et sur moi, pour l'emploi du produit du goudron minéral pour désinfecter les matières animales.

« Il est fâcheux que M. Bobœuf *n'ait pas attendu la publication de mon Mémoire pour en prendre connaissance*. »

Or, comme c'est le 9 *juillet* 1860 que j'ai adressé mon Mémoire à l'Académie pour réclamer la priorité de l'application des produits de la houille, et que la présentation de ce mémoire est constatée dans les *Comptes rendus* de l'Académie (vol. LI, page 61) ;

Il s'ensuit que, si, le 9 *juillet* 1860, la brochure de M. Lemaire ÉTAIT ENCORE SOUS PRESSE, elle ne pouvait, en conséquence, avoir été publiée LE 25 JUIN PRÉCÉDENT, ainsi qu'a pour but de le faire supposer cette date *apposée sur ladite brochure*.

Ceci constaté, examinons le Mémoire présenté, le 25 juin 1860, à l'Académie.

Dans ce Mémoire (Voir les *Comptes rendus* de l'Académie, tome L.

page 1170. — Commissaires nommés : MM. Chevreul, Velpeau et J. Cloquet), M. Lemaire vient faire connaître, dit-il :

Le résultat de ses *recherches* sur les propriétés curatives du *coaltar saponiné* de M. Lebeuf, après *s'être assuré par l'analyse* que l'alcool séparant du goudron : de l'*acide phénique*, de la benzine, de la *naphtaline*, de l'aniline, du toluène, de l'ammoniaque et un peu de charbon divisé, il a reconnu que c'est *aux trois premières* de ces substances que le coaltar doit ses principales propriétés, auxquelles l'alcool et la saponine viennent ensuite en ajouter d'autres, ce qui rend l'émulsion de M. Lebeuf infiniment préférable au coaltar de MM. Corne et Demeaux.

Il déclare que *l'acide phénique*, qui *est le principe* qui agit avec le plus d'énergie comme désinfectant, exerce une action très-vive sur les tissus, qui équivaut à *une véritable brûlure ;* que la benzine est irritante ; mais que la naphtaline, dont l'action est beaucoup plus douce, et qui paraît jouir de propriétés sédatives, tempère, ou plutôt modifie l'impression de l'acide phénique et de la benzine, et que ces propriétés de la naphtaline, jointes à celles de la saponine, font du coaltar saponiné un composé spécial qui pénètre les tissus, se mélange au pus et à tous les produits de secrétion morbide ; ce qui lui permet d'affirmer que la préparation de M. Lebeuf n'est pas seulement du coaltar, dont l'emploi est rendu plus facile, mais que c'est *un composé nouveau* qui doit *à ses composants de nouvelles propriétés.*

M. Lemaire a d'autant moins de mal à pouvoir faire toutes ces observations, qu'il savait pertinemment qu'aussitôt que les propriétés du coaltar de MM. Corne et Demeaux eurent été signalées avec enthousiasme et dénigrées avec passion, j'avais adressé, le 9 *septembre* 1859, et ensuite le 15 *décembre* 1859, deux Mémoires à l'Académie des Sciences, pour démontrer qu'on éviterait tous les inconvénients inhérents au coaltar, en employant les *dissolutions aqueuses* des huiles *acides* essentielles de houille, ou *mieux encore* les dissolutions du *phénol sodique*, ainsi que je l'avais indiqué dans mes brevets depuis 1857 ;

Qu'il savait *également encore* que, bien avant qu'il pensât, soit aux propriétés du coaltar saponiné, soit à celles de l'acide phénique, M. Calvert avait déjà, *à la date du* 16 *août* 1859, présenté à l'Académie un Mémoire, pour démontrer aussi que les propriétés reconnues au coaltar étaient dues à l'*acide phénique*, et que c'est en conséquence de cette antériorité, *qui le gênait peut-être un peu,* que l'habile docteur, en parlant du Mémoire de M. Calvert, dans sa brochure sur le *coaltar saponiné*, assigne la présentation de ce Mémoire à la date du *mois d'octobre* 1859 (Voir : *Du Coaltar saponiné*, page 81) alors qu'il *savait très-bien* que ce Mémoire avait été lu à l'Académie dans sa séance du 16 *août précédent*, c'est-à-dire trois semaines avant que M. Lemaire eût été chargé de présenter la note du 8 *septembre* 1859 de M. Lebeuf.

Il faut avouer que, lorsqu'on est sujet à commettre de *semblables erreurs*, pour se créer *une antériorité* à laquelle on n'a *aucun droit* on a mauvaise grâce ensuite à se plaindre aussi haut et à réclamer, avec autant de véhémence.

Je passe sous silence toutes les expériences et preuves nombreuses que M. Lemaire amoncelle dans sa brochure pour démontrer la supériorité du coaltar saponiné sur le coaltar de MM. Corne et Demeaux, puisque M. le docteur Jules Lemaire, converti enfin à la lumière, l'abandonne complétement ensuite, et vient, *le 4 mars* 1861, présenter un nouveau Mémoire à l'Académie, pour constater (après moi, M. Calvert et autres) :

« L'action de l'acide phénique dans la désinfection, et affirmer, (contrairement à ce que j'avais avancé dans tous mes Mémoires adressés à l'Académie) que les dissolutions aqueuses des huiles acides minérales, ainsi que les phénates, non-seulement *n'étaient pas désinfectants*, mais qu'ils *étaient irritants*, et qu'il fallait bien se garder de les employer pour le pansement des plaies. »

Voici l'extrait que donnent de ce Mémoire les *Comptes rendus* de l'Académie (tome LII, page 390. — Commissaires : M. CHE-VREUL, etc.) :

« L'acide phénique peut recevoir des applications différentes suivant qu'on l'emploie pur, combiné aux alcalis dissous, ou émulsionné dans l'eau, ou associé à d'autres dissolvants.

« *Acide phénique pur.* — J'ai déjà signalé à l'Académie des expériences dans lesquelles il a suffi d'*imprégner les parois des vases* d'une couche mince d'acide phénique, pour empêcher la fermentation des substances très-fermentescibles qu'on y avait introduites (1). Des pièces anatomiques, des animaux entiers peuvent être conservés de la même manière à l'état frais, pourvu que les vases qui les contiennent soient hermétiquement bouchés, pour empêcher le renouvellement de l'air. Ce moyen pourra recevoir d'heureuses applications pour les collections et pour l'étude.

« *Phénates.* — L'acide phénique combiné avec les alcalis *perd une grande partie de son pouvoir désinfectant*. La dissolution aqueuse de ces sels *est très-irritante*; cette propriété ne permet pas de l'employer *dans le pansement des plaies*.

« *Acide phénique dissous ou émulsionné dans l'eau.* — Les cadavres d'animaux qui ont été injectés avec ce liquide se conservent sans altération au contact de l'air. *Le cadavre d'un homme* pourra être conservé pour moins de cinquante centimes.

« L'année dernière, j'ait fait connaître à l'Académie d'heureux résultats que j'avais obtenus *contre les parasites et contre la gale* par l'emploi du coaltar saponiné. J'ai continué ces recherches *avec l'acide phénique* (ce qui prouve qu'à force de le lui avoir répété *pendant deux ans*, l'honorable docteur a fini par comprendre que *tous les coaltars* étaient inférieurs à l'acide phénique). Une solution aqueuse

---

(1) Lire mon brevet de 1857 et 1858 dans les *Documents*.

contenant *un pour cent* de cet acide et quarante pour cent d'acide acétique à huit degrés, guérit *la teigne* en trente ou quarante jours et *la gale instantanément.* Pour la teigne, on applique une compresse imbibée de cette préparation, une fois par jour. Pour la gale, une seule lotion suffit pour tuer les acarus. L'acide acétique est ajouté à la préparation, pour faire pénétrer les médicaments sous l'épiderme et jusqu'au fond des bulbes pileux. »

On voit que M. le docteur Lemaire n'a pas encore étudié depuis bien longtemps les propriétés de l'acide phénique, ou qu'il feint d'ignorer toutes les communications antérieurement faites, pour se donner le mérite de leur découverte ; car il savait très-bien qu'avant lui, Chaumette, en 1813, avait reconnu les propriétés *antiseptiques* du goudron de houille ; que MM. Guibourt (1833) et Siret (1837) avaient signalé ses propriétés *désinfectantes* ; que Runge (1834) avait également signalé la solubilité de l'acide phénique dans l'eau, et les propriétés antiputrides que cette dissolution possédait ; que Liebig, en 1844, avait fait connaître les propriétés *toxiques* de l'acide phénique sur les animaux inférieurs, et que M. Calvert, après eux, avait également reconnu que l'antiputridité, que possédaient les coaltars, ne devait être attribuée qu'à la présence de l'*acide phénique* parmi ces goudrons, puisque M. Lemaire, dans son ouvrage sur le coaltar saponiné (page 81), dit :

« M. Calvert (Note à l'Académie, faite, dit M. Lemaire, en *octobre* 1859, alors qu'il sait très-bien que la communication a eu lieu le 16 *août* 1859), dans une communication intéressante sur le coaltar, a indiqué la diversité de composition de cette substance, suivant sa provenance, puis il a donné les résultats de ses expériences faites pour savoir *quel est le principe du goudron qui empêche la putréfaction* (c'est-à-dire qui tue tous les infusoires ; qui arrête ou empêche le développement des ferments, venins, virus, etc.). Il ne s'est point occupé de *désinfection!* (Comment donc! mais, si M. Calvert indique quel est l'agent du coaltar qui empêche la *putréfaction*, il indique celui qu'il faut employer pour *désinfecter*.) D'après lui, la paraffine, la benzine, la naphtaline et l'huile lourde de houille n'ont que peu de pouvoir *antiseptique*, mais il dit que l'*acide phénique* possède cette propriété au *plus haut degré; que des cadavres injectés avec une dissolution faible* de cet acide (c'est-à-dire la dissolution aqueuse inventée ensuite après par M. Lemaire) *se sont conservés*, pendant plusieurs semaines, sans décomposition ; que la fermentation de l'urine et la fermentation gallique sont empêchées par une petite quantité de cet acide. »

Comme on le voit, M. le docteur Lemaire n'a pas eu besoin de faire de bien grandes recherches pour trouver un moyen d'arrêter la fermentation des matières putrescibles, puisqu'une multitude de personnes l'avaient trouvé depuis longtemps avant lui. Quant au procédé pour conserver les cadavres au moyen de l'injection de *dissolutions aqueuses d'acide phénique*, M. Lemaire n'a pas dû avoir grand peine non plus à le trouver, puisque, *le 25 juin* 1860, M. Lemaire savait déjà que, depuis *le 16 août* 1859, M. Calvert avait fait connaître :

1° Que des *cadavres* injectés avec une *dissolution faible d'acide phénique* se conservaient très-bien ;

2° Que ce moyen de conservation des cadavres est décrit dans les brevets pris par moi depuis 1857, ayant pour objet : la *conservation* des substances animales inertes ; la *destruction* des substances animales vivantes et *la préservation* de futurs insectes (1).

Quant au remède trouvé si heureusement par M. Lemaire pour guérir la *gale* et la *teigne*, ce docteur a dû bien moins chercher encore, puisque, dans mes *brevets pris depuis* 1857 (2), qu'il connaît et dont il parle dans ses brochures, en les analysant à sa manière, j'indique les moyens à employer pour arriver à ce résultat.

Il n'y a donc dans ce Mémoire de véritablement nouveau et qui *lui appartienne en propre,* que les observations faites par lui sur la nature des PHÉNATES ALCALINS, qui perdent, à ce qu'assure l'éminent docteur, UNE GRANDE PARTIE DE LEUR POUVOIR DÉSINFECTANT, ce qui ne permet pas *de les employer* dans le pansement des plaies. Mais il n'y a qu'une simple objection à faire aux allégations de M. Lemaire, c'est que jamais il n'a pu faire de semblables observations, attendu que le *phénol sodique* ou phénate de soude, dont j'ai, le *premier,* signalé les propriétés, *a précisément toutes les qualités inverses*

---

(1) Dans le *brevet pris par moi, le 15 juillet* 1857, voici ce que je dis au sujet des dissolutions aqueuses des huiles essentielles :

« Il suffira, pour obtenir une dissolution d'huile essentielle, *soit d'acide phénique,* de créosote, etc., d'agiter, pendant dix minutes, une quantité donnée d'eau, dans laquelle on ajoutera *un pour cent* de l'huile que l'on voudra dissoudre.

« Cette dissolution aqueuse, que j'ai obtenue très-bien avec les huiles de *houille,* de *bois,* de *tourbe,* de *schiste, conserve très-bien les substances animales.*

« Ces dissolutions aqueuses seront d'une grande utilité dans beaucoup de circonstances. .

« Les dissolutions aqueuses d'ACIDE PHÉNIQUE COMMERCIAL, par exemple, pourront être employées, avec avantage, pour arroser tous les locaux où il y a agglomération d'individus ; il pourra servir encore *en mille circonstances en thérapeutique,* en remplacement des dissolutions d'acétate de plomb, de tannin, etc., etc.

(2) Voici ce que je dis dans mon brevet, pris le 15 juillet 1857, au sujet des applications qui peuvent être faites des dissolutions aqueuses de l'acide phénique, et principalement de celles du *phénol sodique,* que je trouve *supérieures* aux dissolutions *aqueuses de l'acide* :

### APPLICATION HYGIÉNIQUE.

« Mon but, en venant indiquer ici le nouvel emploi qu'on pourra faire des phénates alcalins, et, notamment, du phénate de soude plus ou moins concentré, n'est pas de le faire dans un but de spéculation, mais seulement de philanthropie. La seule et la plus grande récompense de mes travaux serait que mes appréciations fussent aussi justes que je le crois, et que les hommes plus éclairés que moi *voulussent bien en faire un essai bienveillant et conscien-cieux.*

« Une maladie longue, douloureuse et incurable, décime, dans tous les des défauts qu'il lui attribue, et que ses affirmations erronées ne sont faites que pour annihiler mes recherches auprès de l'Académie, devant laquelle il s'est présenté, ainsi que moi, et qui a nommé, pour apprécier nos travaux, *les mêmes rapporteurs pour juges.*

Comme l'opinion de M. Lemaire est loin d'être sans valeur, je vais prouver que toutes ses allégations sont aussi peu fondées que vraies, en faisant connaître celles d'autres docteurs non moins importants, je crois, que M. Lemaire, attendu qu'on n'est jamais juge intègre dans sa propre cause.

1° Quant au *pouvoir désinfectant* que perdraient les phénates alcalins, je n'ai qu'à faire savoir que : depuis 1861, M. DEVERGY, *médecin-chef de la Morgue et de l'hospice Saint-Louis,* a adopté mes dissolutions de *phénol sodique pour la* DÉSINFECTION DES CADAVRES; et que, depuis cette époque, ce nouvel agent *a été et est constamment employé pour cet usage,* en remplacement du chlorure de chaux, à la grande et toujours nouvelle satisfaction de ce docteur, qui a bien voulu expérimenter d'abord, et accueillir ensuite mon nouveau désinfectant.

Mon phénol sodique est constamment employé depuis 1861 à la Morgue, pour la *désinfection des cadavres,*

Donc les phénates alcalins sont d'*excellents désinfectants!*

Donc M. le docteur Jules Lemaire s'est complétement trompé et n'a dû faire aucune expérimentation sérieuse.

2° Quant à l'*irritation* que produiraient les dissolutions aqueuses

grands centres de population, la plus intelligente partie des femmes. On voit que je veux parler des maladies de matrice, qui n'atteignent, ordinairement, que les personnes les plus impressionnables, c'est-à-dire dont l'intelligence est le plus développée, ou celles dont les occupations sont le plus sédentaires, telles que celles qui dirigent un comptoir, qui ont le souci d'une maison de commerce ou la surveillance d'intérêts sérieux. Quel remède a-t-on trouvé et employé jusqu'à ce jour, non pour guérir, mais pour prolonger l'agonie affreuse de personnes qui, presque toujours, n'osent, par pudeur, avouer leur mal que lorsqu'il est à son apogée?

« Rien que la cautérisation *par le nitrate d'argent,* qui ne brûle que la superficie en enflammant les parties inférieures.

« Le *phénate de soude* d'huile de houille à 4, 5, 6 ou 10 degrés (je ne sais à quel degré on devra l'employer, n'ayant assurément pas fait d'expériences) agira-t-il de même ?

« Assurément, non ! car *il ne désorganise pas.* Il resserre les pores, tout en pénétrant constamment à l'intérieur, dessèche et détruit, *sans inflammation,* toutes les substances aqueuses et odorantes. Je pense donc, *par présomption,* que son emploi doit être bien plus efficace que celui du nitrate d'argent. (M. Lemaire, qui a fait tant d'expérimentations de l'acide phénique pour guérir diverses maladies, s'est bien gardé, jusqu'ici, d'essayer à guérir celle que j'indique ici. — Est-ce parce que c'est moi qui, quoique n'étant pas médecin, l'ai indiquée?)

« Je pense également qu'on pourra l'employer, avec succès, dans toutes les maladies *engendrées par des animalcules,* telles que la GALE, etc.

« Telles sont mes appréciations sur l'emploi des phénates alcalins, relatives à leur application à la médecine. *C'est aux médecins* de vérifier si elles sont justes.

des phénates alcalins, qu'il faudrait *se bien garder d'employer dans le pansement des plaies,* j'ai des *preuves encore aussi authentiques* pour prouver que M. le docteur Jules Lemaire n'a pas été plus heureux dans cette seconde observation que dans la première, car :

En présence de l'honorable récompense de mes travaux (récompense pour laquelle M. Lemaire a concouru en même temps que moi, *en ayant les mêmes juges* : MM. Chevreul, Velpeau, J. Cloquet), que l'Académie avait bien voulu me décerner, le *Conseil de santé des armées* demanda alors à *Son Excellence M. le ministre de la guerre* l'autorisation de faire faire l'expérimentation de mes *nouveaux produits désinfectants et hémostatiques* dans les hôpitaux militaires du Val-de-Grâce, etc., et, le 6 *novembre* 1861, j'eus l'honneur de recevoir la missive ci-jointe :

« Monsieur (Paris, le 6 novembre 1861),

« J'ai l'honneur de vous informer que, *sur la proposition du* Conseil de santé des armées, je viens d'autoriser l'expérimentation de vos *produits hémostatiques* dans les hôpitaux militaires du Val-de-Grâce et du Gros-Caillou.

« J'invite, en conséquence, MM. les médecins chefs de ces deux établissements à vous convoquer à cet effet, et à vous demander les quantités de vos produits qui pourront être nécessaires à l'exécution de ces essais.

« Recevez, etc.

« Pour le ministre, et par son ordre, le conseiller d'État, directeur de l'administration,

« (Signé) DARRICAU. »

Par suite des ordres qui furent alors donnés par M. le *sous-intendant du ministère de la guerre,* M. Laveran, *médecin-chef* de l'hospice militaire du Val-de-Grâce, lui adressa, en conséquence, le rapport suivant :

« Paris, le 18 février 1863.

« Monsieur le sous-intendant,

« J'ai l'honneur de vous rendre compte du résultat des expériences entreprises à *l'hôpital militaire du Val-de-Grâce* sur l'action du phénate de soude, conformément aux prescriptions de votre lettre du 2 *novembre* 1861, et de *votre dépeche du* 14 *août* 1862.

« L'acide phénique, décrit par Runge et Laurent, rendu soluble au moyen des oxydes alcalins avec lesquels il forme des sels définis, est la substance employée par M. *Bobœuf* sous le nom de *phénol sodique.*

« Comme les huiles acides, le phénol coagule l'albumine, ce qui le place à côté des acides minéraux et de l'acide citrique, employés comme désinfectants; d'autre part, en raison de son odeur très-pénétrante, il agit comme les produits fortement odorants, l'essence de thérébentine, la benzine, la nitrobenzine, le goudron, le coaltar, la créosote, qui substituent leur odeur particulière à celles des différentes fermentations putrides.

« D'après les indications fournies par un Mémoire de l'auteur, le phénol a été expérimenté au Val-de-Grâce : 1° comme *hémostatique,* 2° comme *topique désinfectant,* 3° comme *moyen de conservation des cadavres.*

« 1° Les conditions qui favorisent l'écoulement du sang sont (en dehors des plaies artérielles, qui nécessitent l'emploi des moyens chirurgicaux) trop variables pour qu'il ne soit pas fort délicat de déterminer la puissance thérapeutique des hémostatiques. Il y a, dans cette appréciation, une difficulté qui vient de la cessation spontanée du plus grand nombre des hémorrhagies et de la persistance opiniâtre d'un certain nombre d'entre elles, de sorte que tantôt toutes les substances hémostatiques paraissent également efficaces, et que tantôt elles échouent également. Le phénol de M. Bobœuf *a réussi presque constamment* dans des *hémorrhagies consécutives de la morsure des sangsues*, dans une hémorrhagie, suite d'une ulcération phagédénique du gland, enfin, dans des *hémorrhagies repétées*, causées par l'ulcération d'un *cancer encéphaloïde*, dans un ensemble de conditions telles qu'il nous a paru avoir autant d'action que le perchlorure et le persulfate de fer.

« 2º Comme topique désinfectant, le phénol a été employé en dissolution dans la proportion de 1/4 à 1/20. Son odeur, fortement pénétrante, s'est presque immédiatement substituée à celle des substances infectantes *sans irriter les plaies*. Il possède donc tous les caractères d'un *bon désinfectant* : la forme liquide, *une action non irritante* sur les tissus.

« 3º Comme moyen de conservation des cadavres, le phénol sodique a donné un *résultat très-satisfaisant*. Nous conservons, depuis le 25 *octobre* 1862, un enfant d'une quinzaine de jours, injecté par les carotides. Aujourd'hui, 18 *février* 1863, il est dans un *parfait état de conservation* et ne présente pas la moindre trace de décomposition. La seule odeur qu'il exhale. est celle du liquide employé à l'injection; de sorte que le Phénol-Bobœuf paraît, comme agent de conservation, avoir le même avantage que le biborate d'ammoniaque.

« En résumé, le phénol sodique, *comme agent hémostatique*, nous a paru aussi efficace que les persels de fer; *comme agent conservateur*, que le biborate d'ammoniaque ; *comme désinfectant*, avoir une efficacité évidente et *l'avantage de ne point irriter la surface malade*, ce qui résulte de l'application de certains désinfectants plus énergiques : le chlore, l iode et leurs composés. Néanmoins, considérant qu'il n'y a pas d'hémostatiques ni d'anti-hémorrhagiques jouissant d'une action égale, parce que les conditions de la fermentation putride et celle de l'écoulement sanguin sont infiniment variables, je pense qu'il ne faut pas accorder au phénol de M. Bobœuf la dénomination d'agent infaillible. *C'est une substance à admettre dans le formulaire des hôpitaux militaires*, lorsque le Conseil de santé aura examiné la question des droits de M. Bobœuf à la préparation exclusive d'une substance qui, aujourd'hui, nous paraît être encore d'un prix assez élevé pour les usages habituels.

« Veuillez agréer, etc. « Signé : LAVERAN. »

J'ose espérer que ces preuves sont plus que suffisantes pour démontrer que toutes les allégations de M. le docteur Lemaire n'ont pu être aussi complétement erronées que, parce que n'étant point encore bien familiarisé avec la préparation de l'acide phénique et de ses sels, il n'aura dû n'employer alors que de mauvais produits, ce que j'aime mieux supposer que d'être obligé de croire qu'il a sciemment commis des *erreurs volontaires*.

A l'égard des divers articles, brochures et autres publications, que M. Lemaire a fait paraître :

1° Dans le *Moniteur des sciences médicales*, ayant pour but de relater ses expériences, etc., articles qui n'ont été, dit-il, *forcément interrompus* que parce que ce journal *cessa* de paraître.

(Est-ce *malgré* ou *à cause* des articles *coaltartés* et *saponinés* que cet honorable docteur lui a administrés, que ce journal *cessa* de paraître? Quoi qu'il en soit, il devient alors de la dernière évidence que le coaltar saponiné est inférieur au *phénol sodique*, qui prévient ou arrête *toutes les décompositions*);

2° Dans le *Moniteur scientifique* du docteur QUESNEVILLE, qui, depuis les discussions élevées entre M. Déclat et M. Jules Lemaire, a qualifié ce dernier du titre de *Père nourricier de l'acide phénique*, titre qui comble M. Lemaire de joie (sans s'apercevoir que cet épigrammatique rédacteur ne lui a donné cette qualification que pour l'empêcher de continuer à se dire et à se croire : *le père véritable de son nourrisson*) ;

3° Dans sa brochure sur le coaltar saponiné ;

4° Dans son ouvrage de 432 pages sur l'acide phénique ;

Toutes ces publications ou brochures n'ont eu d'autre objet que de prouver que c'est lui qui est *le premier* qui a découvert le coaltar et l'acide phénique, qui les a appliqués à l'hygiène, à l'industrie et à la thérapeutique, et que si *Allah* est grand, c'est lui et non l'Académie qui m'a accordé un *prix Montyon*, qui est son prophète.

En affirmant donc, comme il le fait avec tant d'assurance dans la lettre qu'il a adressée, le 16 mars, au journal le *Siècle :*

Qu'il est *le premier* qui a démontré l'action de l'acide phénique en thérapeutique ; indiqué son efficacité pour détruire *la désinfection, les miasmes, la gangrène, la gale, la teigne,* etc.,

M. Lemaire fait preuve d'une assurance peu commune, attendu qu'il sait très-bien :

Que je suis breveté depuis 1857 (puisqu'il relate et analyse mes brevets, *à sa manière,* dans tous les articles, brochures et livres qu'il a publiés jusqu'ici) pour : la *conservation* de toutes les substances animales inertes ; la *destruction* des substances animales vivantes et la *préservation* de futurs insectes ; CONSERVATION, DESTRUCTION et PRÉSERVATION que j'indique être obtenues, parce que l'acide phénique et tous ses analogues et homologues *préviennent* ou *arrêtent les fermentations et putréfactions ;*

Que j'indique dans mes brevets que : les *miasmes,* la *gale* et toutes les maladies produites par les acarus etc., sont détruits par ces agents ou leurs sels alcalins, et que j'engage vivement les *médecins* (brevet 1857) à remplacer le nitrate d'argent *par le phénol sodique,* pour la guérison de l'*ulcére* presque toujours mortel, qui décime si cruellement les femmes. (Lire ce brevet aux *Documents,* page 76.)

En résumé, qu'a donc fait M. Lemaire?

Est-ce lui qui, le premier, comme il l'affirme, a employé l'acide phénique en thérapeutique?

Non, puisque, depuis 1857, j'avais déjà signalé ses propriétés pour *arrêter les putréfactions,* tuer *les acarus, infusoires,* etc., qui déterminent les maladies, et que j'avais *adjuré* les médecins d'en faire l'application.

Est-ce lui qui a découvert le *coaltar,* qui ne doit ses propriétés qu'à l'acide phénique qu'il renferme ?

Non, puisque MM. CORNE et DEMEAUX l'avaient appliqué avant lui à la thérapeutique, et *avaient fait retentir les Académies de ses merveilleux effets,* bien avant même que M. Lemaire ne soupçonnât la propriété des goudrons.

Est-ce M. le docteur Lemaire qui a perfectionné ensuite le coaltar naturel, signalé à la médecine par MM. Corne et Demeaux?

Non, puisque M. Lemaire avoue que ce perfectionnement est dû à

M. Lebœuf, et qu'il n'a été chargé par ce pharmacien que d'en faire l'expérimentation.

Est-ce M. Lemaire qui au moins a découvert que le coaltar ne guérissait qu'en conséquence de l'acide phénique qu'il contenait, et que c'était principalement à ce *principe actif des goudrons* qu'étaient dues toutes les propriétés des différents coaltars ?

Non, puisque depuis 1857 j'avais prescrit de n'employer que les dissolutions aqueuses de cet acide et celles des huiles homologues pour obtenir tous les résultats, *si heureusement trouvés ensuite* par M. Lemaire, et que, *le* 16 *août* 1859, M. Calvert, chimiste, avait aussi affirmé que toutes les propriétés du coaltar n'étaient dues qu'à la présence de l'acide phénique parmi les goudrons, et qu'à cette époque, M. Lemaire n'avait encore pensé *ni aux goudrons de houille, ni à l'acide phénique.*

Qu'a donc inventé et appliqué, le premier, M. le docteur Lemaire ?

L'*appropriation, à son bénéfice, des travaux des autres*, pour ne pas répondre : *Rien, rien, rien!* ainsi qu'il le dit si bien aux autres, quand il apprécie leurs recherches et leurs travaux.

Comme on le voit, les prétentions de M. Lemaire, comme *premier applicateur de l'acide phénique* à l'hygiène, à la thérapeutique et à l'industrie, sont loin d'être aussi incontestables qu'il l'affirme, puisque sans les recherches de M. Lebeuf, *de Bayonne*, et les travaux antérieurs de moi, Bobœuf, *de Chauny*, M. Lemaire en serait encore à savoir ce que c'est que le coaltar et l'acide phénique et ne pourrait aujourd'hui prétendre, avec succès, qu'à être le premier inventeur du fameux axiome : *Sic vos, non nobis, fertis aratra Boves!*

Que cet honorable docteur se contente donc de la chance qu'il a eue d'avoir été *notre bouvier*, et n'aspire à rien de plus !

Si M. Lemaire était venu constater : qu'aussitôt que les propriétés de l'acide phénique eurent été signalées par les chimistes, *qui avaient fait appel au corps médical* pour son application à la thérapeutique, *qu'ils ne pouvaient faire*, il a été un des premiers médecins qui s'en sont occupés avec intelligence, savoir et persévérance, je serais le premier à le reconnaître, et sa part de mérite serait encore assez grande ; mais qu'il affirme, comme il le fait :

Qu'il est le premier inventeur, le premier initiateur et le premier applicateur de ce nouveau topique, en déniant à ceux qui l'ont précédé, ou imité ensuite, toute espèce d'initiative, de talent ou de mérite, et qu'il déverse sur eux l'injure et la calomnie, en cherchant à persuader qu'ils ne sont que ses plagiaires, c'est contre cela que je proteste et ne cesserai de protester.

Que M. Lemaire imite donc, à l'égard des autres, le silence que j'ai gardé jusqu'à ce jour envers lui pour ne pas les décourager dans leurs recherches. Qu'il se réjouisse comme moi de tous les nouveaux résultats qu'ils pourront obtenir, et attende patiemment la récompense légitime qui lui appartient, et que la société accorde toujours à ceux qui l'ont réellement méritée.

M. le docteur Lemaire s'étant présenté pour concourir aux futurs prix à décerner par l'Académie aux nouveaux agents thérapeutiques efficaces qui lui seront signalés, j'ose prendre la liberté de venir également lui demander, à mon tour, d'être admis à ce concours.

* * *

### RÉCLAMATION DE PRIORITÉ DE M. CORNE.

M. CORNE ayant aussi adressé à l'Académie une réclamation pour revendiquer la priorité que M. le docteur Jules Lemaire s'adjugeait si bénévolement, et qui, pour être un peu mieux fondée que celle de M. Lemaire, n'en est cependant pas pour cela plus réelle, je me contenterai de conseiller la lecture, aux *Documents authentiques*, du mémoire que j'ai adressé, LE 9 SEPTEMBRE 1859, à M. CHEVREUL, *rapporteur de la Commission nommée par l'Académie des Sciences pour examiner le nouveau topique* (COALTAR), proposé par MM. CORNE et DEMEAUX, *pour la désinfection et guérison des plaies et blessures*, attendu que les faits et preuves, que je fournis dans ce mémoire, sont plus que suffisants pour qu'il soit ensuite facile d'établir les droits et mérites de chacun. (Voir page 56.)

Il est à regretter, cependant, qu'en voulant démontrer que M. Jules Lemaire n'avait été que son imitateur, M. CORNE, à son tour, fournisse des armes à son habile adversaire, qui démontrera que M. Corne a mauvaise grâce à se plaindre d'avoir été imité par lui, quand lui-même vient le copier d'une manière si parfaite, en formulant *aussi* sa réclamation, *en son nom personnel seulement*, sans y ajouter non plus celui de son collaborateur, *M. le docteur* DEMEAUX, qui est pourtant *le propagateur* et *l'applicateur* de la poudre désinfectante de *coaltar*, laquelle ne dut alors sa notoriété, son appellation de POUDRE CORNE ET DEMEAUX, et son application à la thérapeutique, qu'à ce fait, que M. le docteur Demeaux, après avoir *corrigé et diminué* sa composition industrielle primitive (sulfate de fer, argile et plâtre), l'a rendue convenable ensuite aux besoins de la médecine, pour laquelle ladite poudre était plus qu'impropre auparavant.

* * *

*Applications futures de l'acide phénique et des phénates à l'hygiène, à l'industrie et à l'agriculture.*

Après avoir démontré que la priorité de l'étude et des applications de l'acide phénique à l'hygiène et à la thérapeutique n'appartient ni à M. Lemaire, ni à M. Corne, ainsi qu'ils le prétendent tous deux, qu'il me soit permis de faire connaître mes travaux antérieurs et de démontrer que si les nombreuses publications de M. Lemaire ne sont *que le développement de tout ce que j'avais indiqué* avant lui dans mes brevets, cependant, toutes les applications qui ont déjà été tentées de ces diverses huiles acides, sont encore loin de celles qui en seront infailliblement faites par la suite, et qu'en attribuant, pour un instant, la priorité de l'application de l'acide phénique à M. Lemaire, une grande partie du mérite des services rendus ou à rendre pourrait alors m'être attribuée à juste titre.

Il y a dix ans, l'acide phénique, indiqué et étudié par Haumann, Welter, Runge, Chevreul, Laurent, Gerhardt, Dumas, Cahours et beaucoup d'autres chimistes, n'était qu'un produit de laboratoire, coûtant alors 3 fr. le gramme, et qu'il était presque impossible de se procurer, attendu qu'il ne servait qu'à des expériences scientifiques.

M. Lemaire avoue, dans ses publications, que lorsqu'il voulut étudier les propriétés thérapeutiques de cet acide, il lui fut impossible d'en trouver un seul gramme dans le commerce, et que ce n'est qu'à l'obligeance d'un chimiste, son ami, qui voulut bien lui en préparer, qu'il dut de pouvoir ensuite faire ses expériences.

Lorsque M. le docteur Déclat voulut également employer ce nouveau carbure, il paya le premier kilogramme d'acide phénique qu'il acheta la somme de 80 fr.

Il y a six ans, l'acide phénique était encore coté dans les *prix-courants* des premiers fabricants et marchands de produits chimiques, tels que MM. *Rousseau, Menier, Desroches*, etc., au taux de 100 fr. le kilog.

Aujourd'hui l'acide phénique pur, parfaitement blanc et cristallisé, s'achète au producteur commercial, au prix de 7 à 8 fr. le kilog.

Pourquoi cette immense baisse de prix?

Est-ce parce que les besoins commerciaux s'étant multipliés, on s'est adonné à la fabrication de ce nouveau produit, et on a diminué les frais de main-d'œuvre, ou est-ce parce que de nouvelles sources de production, auparavant restreintes, ont été trouvées et indiquées, depuis les études des savants distingués que j'ai cités plus haut?

C'est à cette dernière raison seule que le *bon marché relatif* de l'acide phénique est dû, et c'est moi qui suis le promoteur de ce progrès. Qu'on me pardonne d'oser ainsi me signaler. Ce n'est pas très-modeste, je le sais, et j'aurais évité de parler de moi, si M. Lemaire, au lieu de m'attribuer la part de mérite à laquelle j'avais droit, ne m'avait dénigré comme il l'a fait dans ses ouvrages, en me déniant toute espèce d'initiative et de mérite, afin de se rehausser davantage.

C'est ce que je vais prouver, bien moins dans le but de venir prôner mes recherches et mes travaux (l'Académie a déjà bien voulu me faire l'honneur de les apprécier en m'accordant un *prix Montyon*), que dans celui de venir signaler les immenses ressources hygiéniques, industrielles et agricoles que les huiles essentielles minérales et végétales peuvent nous offrir, et de démontrer qu'en n'attribuant qu'à l'acide phénique seul toutes les propriétés antiputrides, toxiques et curatives qui ont été signalées et recon-

nues, M. Lemaire en circonscrirait les applications dans un cercle
d'autant plus restreint, que le prix de cet acide sera toujours et est
encore fort élevé, tandis qu'en démontrant que les huiles analogues
et homologues de cet acide ont les mêmes propriétés naturelles
comme substances désinfectantes, antiseptiques, antiputrides et insecticides, on centuple cent fois l'emploi qui peut en être fait dans
la médecine, l'hygiène, l'industrie et l'agriculture.

Frappé de la pureté et de l'éclatante beauté de la matière colorante que produisait l'acide picrique découvert et signalé par Haumann et Welter, qui le produisaient en faisant réagir l'acide azotique sur l'indigo et la soie, et ensuite par Laurent, qui l'obtint en
faisant réagir cet acide sur l'acide phénique, dans le but de prouver
la loi des substitutions, je m'adonnai à la fabrication de ce nouveau
produit, en suivant les prescriptions de Laurent qui étaient les seules
qui fussent commerciales.

Je m'aperçus bientôt que le procédé industriel et scientifique qu'il
avait indiqué était encore loin de répondre aux exigences du
commerce, à cause des dépenses inutiles auxquelles il entraînait
le producteur, qui avait nécessairement à les faire subir aux con-
sommateurs.

Le procédé industriel, qui a été appliqué pour la première fois à
Lyon, par MM. Guinon aîné, et ensuite par M. Guinon jeune, jusqu'à
la délivrance du brevet pris ensuite par moi, consistait, on le
sait :

A prendre les huiles de houille qui distillaient entre 150 et 200 degrés de température ; à faire réagir 8 à 10 kilos d'acide nitrique sur
chaque kilog. de ces huiles, qui ne contenant en réalité qu'un cinquième environ d'acide picrique réel, produisaient en conséquence la
perte inutile de 30 à 40 kilos d'acide nitrique par chaque kilo d'a-
cide picrique, en réagissant sur les quatre autres cinquièmes des
huiles qu'il transformait en substances résinoïdes colorées, mais non
colorantes.

Le procédé scientifique, plus rationnel en ce qu'il ne soumettait à
l'influence de l'acide nitrique qu'un produit (l'acide phénique) trans-
formable en totalité en matière colorante, n'était pas plus économique que le procédé industriel et offrait, en outre, des difficultés
telles, qu'on ne pensa jamais, avant la prise de mes brevets, à en
faire usage dans l'industrie, car :

Outre qu'il ne fallait prendre seulement que les huiles de houille
qui distillaient *entre* 150 *et* 200 *degrés de température* (huiles qui
ne forment que *la trente-sixième* partie des huiles de houille), on
devait, en outre, faire douze autres opérations trop minutieuses pour
pouvoir être exécutées commercialement (Voir aux *Documents* : la
différence entre nos procédés et les procédés scientifiques décrits
dans le mémoire que j'ai adressé à l'Académie, le 15 *décembre* 1859,
page 62.)

A ces procédés, je substituai celui pour lequel je me suis fait
breveter le 17 mars 1856, et qui consistait :

A traiter immédiatement par les alcalis caustiques concentrés (potasse ou soude à 36 degrés), *toute la masse des huiles* provenant d'une distillation de goudrons de houille, ou une fraction seulement, mais sans aucun fractionnement préalable.

Par ce moyen, je m'emparais aussitôt, non-seulement de *tout l'acide phénique* que contenaient ces huiles (et non pas seulement de l'acide en dissolution dans les huiles distillant entre 150 et 200 degrés de chaleur), mais en outre : *de toutes les autres huiles analogues ou homologues de l'acide phénique* solubles dans les alcalis, et qui, comme ce dernier, se transformaient en matières tinctoriales sous l'influence de l'acide nitrique, ce qui *décuplait* la quantité de matières colorantes.

En opérant ainsi, on diminuait les frais de production de l'acide phénique d'une manière d'autant plus considérable que toutes les huiles ainsi extraites, étant *acides*, comme l'acide phénique, et comme lui beaucoup plus lourdes que toutes les huiles insaponifiables ou neutres qui servent à fabriquer la benzine et autres huiles analogues (propres à l'obtention des diverses matières colorantes, rouges, bleues, violettes, vertes, noires, etc., dont la teinture fait un grand usage actuellement), on peut alors obtenir immédiatement ces huiles avec beaucoup plus de facilité, en plus grande abondance, et les transformer, sans craindre *les inconvénients* que la présence des huiles acides parmi elles aurait infailliblement produits en l'absence de ce procédé de séparation instantanée. Ces inconvénients auraient été tels qu'ils auraient pu déterminer très-souvent *des explosions formidables*, par le contact de l'acide nitrique, qui après les avoir transformées en acide picrique les aurait ensuite converties en *picrates très-fulminants,* en les combinant avec les bases (potasse ou soude) des vases de grès, etc., dans lesquels on opère leur transformation.

Comme preuve de l'importance des améliorations et de l'économie que j'ai apportées dans l'industrie, il me suffira de faire connaître que les administrations et maisons les plus importantes, telles que celles de la *Compagnie parisienne du Gaz d'éclairage de Paris,* M. GUINON jeune de Lyon, MM. POMMIER et Cie, fabricants de produits tinctoriaux, etc., etc., m'ont pris des *licences* pour pouvoir s'en servir légalement, et qu'aujourd'hui tous les fabricants de *Benzine, d'aniline, de fuchsine,* d'acide phénique, d'acide picrique, d'huiles de schiste et de houilles schisteuses, etc., s'en servent tous également, quoique illégalement, et *à leurs risques et périls,* qu'ils connaissent ou feignent d'ignorer.

Avant l'emploi de mes procédés, l'acide picrique cristallisé coûtait 70 et 80 fr. le kilog.; aujourd'hui, il est vendu journellement 18 et même 15 fr. le kilog.

L'acide phénique cristallisé, qui valait d'abord 3 fr. le gramme, et ensuite 100 fr. le kilog., vaut aujourd'hui 5 fr. 50 c. à 6 fr. le même kilog., mieux cristallisé et plus blanc qu'on ne le produisait auparavant.

Ces résultats obtenus, je traitai aussitôt la plupart des huiles essentielles végétales et minérales (huiles de bois, de schistes, de Boghead, de tourbe, etc.), et j'en séparai toutes les huiles acides solubles dans les alcalis caustiques qu'elles renfermaient ; mais alors, loin d'être au dépourvu de substances primitives susceptibles de se transformer en matières tinctoriales, je me trouvai en présence d'une telle quantité de ces nouveaux produits qu'il devenait impossible à la teinture de pouvoir les consommer.

Je me mis donc à étudier toutes les propriétés de ces huiles, pour les appliquer à d'autres besoins de l'industrie et à ceux de l'agriculture.

C'est alors qu'en vertu des propriétés générales que possédaient toutes ces huiles acides d'être désinfectantes, antiputrides, cautérisantes et insecticides, je pris, à la date *du 15 juillet* 1857, un nouveau brevet pour :

1° *La conservation des substances animales inertes* (conservation obtenue en suspendant ou en arrêtant l'effet des fermentations, putréfactions, etc.) ;

2° *La destruction des substances animales vivantes et la préservation de futurs insectes* (infusoires, microphytes, microzoaires, vibrions, etc., produisant les *miasmes,* les *pestes,* les typhus, fièvre jaune, choléra, etc., etc.) ;

3° Pour le *chaulage* des semences, la conservation des grains, la désinfection et l'embaumement des cadavres, l'assainissement des égoûts, des cimetières, des ateliers, des villes, etc., etc.;

4° *La rectification des huiles essentielles* minérales et végétales, qu'on purifie ainsi en les séparant instantanément de leurs *huiles lourdes acides,* qu'on ne pouvait extraire auparavant qu'en les distillant *un grand nombre de fois* pour les séparer de ces huiles plus denses, qui, étant très-solubles dans les huiles neutres, seules recherchées, les accompagnaient toujours en se volatilisant en partie avec elles.

L'avantage que l'on trouve dans cet emploi de mes procédés, qui sont, comme on le voit, très-simples, c'est que le bénéfice qu'il y a d'obtenir promptement *les huiles légères insaponifiables,* pures de toutes autres huiles acides et *en bien plus grande quantité,* compense, et au delà, le coût des alcalis (soudes caustiques) employés pour leur épuration, et que les huiles saponifiables (acide phénique et autres) restent *comme bénéfice net* et ne REVIENNENT A RIEN !!!

Ce qui rend encore aujourd'hui et rendra toujours l'acide phénique relativement très-cher, par rapport aux autres huiles saponifiables, c'est que l'acide phénique réel ne forme guère *que la dixième partie* des huiles saponifiables, *quand elles en contiennent,* et que dans beaucoup de substances, telles que : les tourbes, le bois, les schistes et les houilles schisteuses, l'acide phénique est presque complétement absent; ce qui rendrait les huiles saponifiables de ces huiles inutiles, si l'on était obligé de n'employer que l'acide phénique; tandis que ces huiles acides étant très-abondantes pourront par la suite se livrer au commerce à des prix *quatre fois moindres* que les huiles acides de houille les plus communes.

Ces huiles *n'ont jamais été exploitées en France et se jettent encore aujourd'hui*. Les fabricants d'huiles de schistes, de bois, de tourbe, les vendraient donc 30, 40 et 50 fr. les cent kilog. (suivant leur purification), avec d'autant plus de reconnaissance que ce bénéfice, qu'ils ne font pas actuellement, leur permettrait de pouvoir *lutter avantageusement* avec les pétroles d'Amérique, qui ne contiennent pas d'huiles saponifiables.

Si l'on veut savoir le parti que l'on peut tirer de toutes ces huiles acides ( que l'on dénomme, à tort *ou à dessein*, pour éluder mes brevets : *acide phénique*), *voir* le *Nota*, qui indique l'emploi *que les Anglais* en ont fait depuis la prise de mes brevets en Angleterre.

Comme on le voit : si l'*acide phénique seul* est déjà appelé à rendre des services aussi nombreux que l'indique M. Lemaire, qui , lorsqu'il voulut en étudier les propriétés, n'en trouva pas *un seul gramme* dans le commerce, on conviendra qu'il aurait bien pu me reconnaître au moins quelque mérite pour avoir rendu l'obtention de ce produit facile et économique, au lieu de me calomnier et de me dénigrer, comme il l'a fait dans ses publications.

(1) Nota. — Voici, au sujet des désinfectants, l'article qui a été publié dans le *Moniteur scientifique* du Dr Quesneville, numéro du 1er septembre 1862 :

Désinfectants. — La fabrication des désinfectants est maintenant régulière et constante, et, grâce aux recherches faites par M. M'Dougall, leur emploi a beaucoup augmenté. M. M'Dougall fabrique, près de Oldham, une poudre désinfectante, dans laquelle on utilise les propriétés de l'acide carbolique (acide phénique) et de l'acide sulfureux. Elle sert à empêcher la décomposition qui se produit dans les écuries, les étables, dans les accumulations de matière putrescible, et généralement la décomposition des fumiers. On prépare aussi un liquide avec l'acide phénique et l'eau de chaux, qui sert à empêcher la décomposition qui s'effectue dans les égouts. On peut ainsi désinfecter des villes entières, en empêchant la production des gaz dans les eaux des égouts ou dans les amas d'excréments d'animaux.

On se sert encore de ce liquide pour empêcher la décomposition des matières animales dont on ne peut pas faire un usage immédiat, surtout lorsqu'il s'agit de viande apportée au marché ou d'animaux morts dans les champs. Cette poudre désinfectante de M. Dougall n'est simplement qu'un mélange de sulfite de chaux et de magnésie, avec des phénates des mêmes bases. On prépare les phénates de chaux et de magnésie en faisant bouillir l'acide phénique pendant longtemps avec ces bases à l'état caustique. La solution est de l'acide phénique dissous dans l'eau de chaux. Cette poudre est entièrement foisonnante. 1/1250e ou 1/1000e, ajouté à l'eau d'un égout qu'il s'agit de désinfecter, est suffisant. La solution de cette poudre a aussi été employée dans des cabinets ou salles de dissection, où elle détruit immédiatement toute odeur nuisible ou désagréable, et débarrasse les doigts des opérateurs de l'odeur nauséabonde qui s'y attache si souvent. On l'a aussi appliquée utilement au traitement des plaies et de la dyssenterie. M. M'Dougall a employé l'acide phénique pour la destruction des insectes parasites des brebis, et dans beaucoup de districts il a remplacé les préparations d'arsenic par cet acide mélangé à des substances grasses. Les brebis qui y ont été plongées ne sont pas sujettes à être attaquées par la tique, même lorsqu'on les laisse pendant plusieurs mois parmi des animaux qui en sont infestés. C'est encore un remède efficace contre la carie et plusieurs autres maladies de la race ovine.

L'acide phénique, on le voit, a un avenir immense devant lui; mais empressons-nous de dire que M. M'Dougall n'a pas inventé toutes les applications dont il profite en ce moment. *M. Bobœuf*, qui, malheureusement pour lui, n'a pu fabriquer des poudres désinfectantes comme M. M'Dougall, a dit, dans un brevet déjà ancien, *tout ce que l'on pouvait faire avec les phénates*, sous le point de vue de l'hygiène, et même de la curabilité de certaines maladies.

Que sera-ce donc, lorsqu'on voudra suivre, en France, l'exemple des Anglais, et produire avec *les huiles acides essentielles incristallisables,* des phénates de soude, de chaux, de fer, de magnésie, etc., etc., applicables à l'industrie, pour remplacer les *chlorures de chaux,* assainir les villes, égoûts, écures, boyauderies, tanneries, poulaillers, magnaneries, désinfecter les matières fécales, les os, les mares stagnantes, purifier les hôpitaux, les écoles, les prisons, les amphithéâtres, les *cadavres,* etc., etc., faire des engrais insectifuges, etc., etc.; applications que, jusqu'à ce jour, j'ai vainement conseillées et n'ai jamais pu tenter, épuisé que je suis par les luttes que j'ai eu à soutenir contre mes contrefacteurs et privé des ressources nécessaires pour faire prévaloir mes idées ?

**Si** M. Lemaire ne compte que sur l'emploi de l'acide phénique seul pour obtenir tous ces résultats, ils ne seront jamais réalisés, tandis qu'en employant, comme je l'ai indiqué, toutes les *huiles acides* ou saponifiables que produisent en quantités immenses les *tourbes,* les *bois,* les *schistes,* les *Boghead,* les *houilles schisteuses* et les houilles ordinaires, etc., on les réalisera toutes aussitôt qu'une personne intelligente et d'initiative aura compris leur importance et leur facile exploitation, à raison du BAS PRIX AUQUEL CES SUBSTANCES POURRONT ÊTRE LIVRÉES AU COMMERCE.

**En** conseillant donc, longuement et complaisamment, d'employer l'acide phénique pour obtenir tous ces résultats M. le docteur Lemaire ne fait que répéter ce que j'avais conseillé bien avant lui, pour se donner le mérite d'une nouvelle initiative et sans se soucier des poursuites auxquelles il exposerait les industriels qui suivraient ses prescriptions, au mépris des droits qui me sont acquis et que je ne laisserai point périmer.

§ 2. — *Dangers de l'emploi, en thérapeutique, de l'acide phénique pur et des solutions aqueuses de cet acide. — Supériorité des solutions des phénates alcalins,* ou PHÉNOL SODIQUE.

**Dans** l'ouvrage intitulé : *De l'acide phénique, de son action sur les végétaux, les animaux, les ferments, les venins, les virus, les miasmes,* publié en 1863, pour résumer toutes les recherches, observations et applications qu'il avait faites de l'acide phénique, M. Lemaire recommande particulièrement l'emploi de *l'acide phénique pur* comme cautérisant ou désinfectant, et celui des *dissolutions aqueuses* de l'acide phénique cristallisé (qu'il affirme être soluble dans l'eau à raison de cinq pour cent, à la température de quinze à dix-huit degrés), comme boissons hygiéniques ou médicaments internes.

**Le** motif allégué par M. Lemaire pour faire cette recommandation est que : l'acide phénique pur étant une substance déterminée et de nature invariable, ses dissolutions aqueuses, qu'elles soient au *millième* ou aux *cinq centièmes*, seront également invariables, et qu'en conséquence on obtiendra toujours alors des résultats constants.

M. Lemaire profite, comme on peut le voir, des observations que j'eus l'honneur d'adresser à l'Académie, le 9 juillet 1860, au sujet des *coaltars saponinés*, que je répudiais en thérapeutique, à l'égal du coaltar naturel, à cause de l'instabilité de leur composition, en conseillant de les remplacer par une substance définie.

M. Lemaire est bien persuadé d'avoir atteint, cette fois, la perfection. Aussi, avec quelle docte et satisfaite gravité vient-il imposer ses prescriptions d'acide phénique, qu'il revendique comme sa découverte, parce que, dit-il, c'est lui *le premier* qui a trouvé que cet acide était soluble dans l'eau dans la proportion de 5 pour cent.

Je regrette bien vivement d'être encore obligé de venir démontrer que M. Lemaire se trompe de nouveau, lorsqu'il déclare efficace et parfaitement *immuable* un agent qui pourra être souvent *plus dangereux qu'utile* à cause de son *instabilité constante*.

Examinons :

M. Lemaire conseille la cautérisation des ulcères, piqûres anatomiques, morsures venimeuses, avec l'acide phénique pur.

Cette cautérisation pourra peut-être réussir, chaque fois qu'elle sera faite par une personne habile ; mais elle déterminera, au contraire, des effets inverses, et produira des *brûlures sérieuses*, chaque fois qu'elle sera faite sans attention ou inintelligemment , attendu que l'acide phénique produit, par son contact, ainsi que le constate M. Lemaire lui-même, *une véritable brûlure*.

Je pourrais en donner pour exemple : la cautérisation d'une piqûre d'abeille, qui fut faite par M. Lemaire sur son ami, M. GRATIOLET, et qu'il relate ainsi dans son ouvrage : *De l'acide phénique*, page 145 :

« Quelques instants après l'application de l'acide phénique, la douleur cessa. Aucun phénomène inflammatoire ne survint. Mon ami ne conserva de cette piqûre qu'*un souvenir désagréable*.

C'est-à-dire que si la piqûre fut cautérisée, la brûlure, qui en fut la conséquence, fit : que M. Gratiolet en conserva ensuite *un souvenir désagréable;* ce qui fait rentrer ce mode de guérison dans la catégorie des cures qu'opérait notre célèbre et regretté professeur de prothèse dentaire (ODRY), qui prétendait, lui aussi, arracher constamment les dents sans douleur (*pour lui*, — ce qui était vrai), mais dont tous les clients conservaient ensuite de leur guérison *un souvenir fort désagréable*.

Je citerai encore, comme preuve de cautérisation malheureuse, une autre application d'acide phénique faite par M. GRATIOLET lui-même sur un de ses amis, M. le docteur *Ricard,* qui avait un clou sur le cou.

M. Gratiolet cautérisa également, au moyen de l'acide phénique ; mais M. Ricard aussi fut brûlé, et souffrit pendant beaucoup plus de temps de sa cautérisation qu'il n'aurait souffert de la guérison naturelle de son clou.

Je pourrais citer mille exemples de brûlures produites par l'acide phénique (plus dangereux encore que la CRÉOSOTE, *dont tout le monde connaît la causticité,* et qui est de la même famille), et notamment :

Celui d'un enfant de la commune de Gennevilliers, qni souffrit énormément et fut longtemps très-malade, à la suite de frictions qui lui avaient été faites sur la poitrine avec de l'huile d'olive phéniquée.

Celui également d'un parent de M. *Pommier*, fabricant d'orseille, qui fut obligé de garder la chambre pendant cinq semaines, à la suite d'une application d'eau phénolée (1).

Dans le mémoire adressé par moi, *le 9 septembre* 1859, à M. Chevreul, je signale déjà *le danger* de l'emploi en thérapeutique de *l'acide phénique*, et je fais connaître que, m'étant laissé tomber sur le pied, sans m'en apercevoir, de cet acide, mon pied s'enflamma promptement ensuite, et qu'il fut tellement cautérisé que je fus alors contraint de garder le lit pendant huit jours (*Voir* page 56).

L'acide phénique cristallisé ou brut est de tous les acides celui dont je crains le plus de me servir, à cause des dangers que présente son emploi.

Onctueux et fluide, il pénètre et s'étend presque toujours au delà de l'espace déterminé où on voudrait le circonscrire, et brûle alors les parties circonvoisines.

Inerte en apparence au premier contact (ce qui empêche qu'on en soit impressionné lorsqu'on s'en laisse tomber par mégarde et qu'il touche les tissus), il est presque impossible ensuite de pouvoir le neutraliser assez promptement, lorsqu'on commence à en ressentir les atteintes.

Les acides minéraux, tels que l'acide sulfurique et nitrique, décèlent leur présence immédiate par une douleur instantanée que l'on peut tout de suite neutraliser ou atténuer par des agents faciles à se procurer, tels que l'eau, l'alcali volatil, etc.; mais ces dissolvants et réactifs sont presque sans effet sur l'acide phénique, dès qu'on en ressent le contact.

L'eau n'arrête pas ses progrès, et l'ammoniaque ordinaire, *ne se combinant pas avec·lui,* ne peut, en conséquence, le neutraliser.

Une gouttelette d'acide phénique, de la grosseur d'une pointe d'épingle, m'étant sautée, en transvasant un flacon de cet acide, sur la paupière inférieure, je me lavai aussitôt avec de l'eau, ce qui n'empêcha pas mon œil de s'enflammer au point que je fus contraint de me faire traiter ensuite par M. Desmares; je fus plus d'un mois à pouvoir me guérir et faillis perdre l'œil.

(1) Pendant que je revois l'épreuve de ce Mémoire, j'apprends encore deux faits récents que je signale à l'Académie.

1° M. Bernhard, fabricant d'allumettes chimiques à la Villette, à la suite d'une cautérisation sur le bras avec l'acide phénique, a eu le bras brûlé au point de garder longtemps la chambre.

2° Mlle X.., rue de Lancry, a eu également la cuisse gravement et dangereusement brûlée par une cautérisation à l'acide phénique, et suit en ce moment, pour cette brulûre, le traitement de M. le docteur Homolle.

M. **Mallet**, directeur de la fabrication des produits chimiques de la Compagnie parisienne du gaz d'éclairage, s'étant répandu de l'acide phénique sur l'avant-bras, en filtrant cet acide, et ne l'ayant essuyé et lavé que quelques instants après, eut *le bras brûlé*, et fut contraint de le porter ensuite pendant plus de quinze jours en écharpe.

Donc, venir recommander l'emploi d'un agent si dangereux et mettre cet agent entre les mains de personnes inaccoutumées ou inhabiles, alors que les gens spéciaux peuvent se blesser constamment en en faisant usage, malgré leur prudence habituelle, c'est assurément vouloir *provoquer beaucoup plus d'accidents* qu'on n'obtiendra de résultats heureux. *Que l'Académie fasse faire des expérimentations, et elle pourra vérifier la véracité de mes allégations.*

M. Lemaire est-il bien sûr ensuite que l'acide phénique neutralisera les venins et virus qui auront été injectés dans les tissus par les piqûres ou morsures d'insectes et d'animaux venimeux ou enragés, si l'application de l'acide phénique n'est pas immédiate?

Quoi qu'on ait dit de la nature des venins et virus divers, il est à supposer, au moins dans la pluralité des circonstances, que ces diverses substances sont de nature *acide*, puisque, dans presque tous les cas, les alcalis, tels que l'ammoniaque, les neutralisent et annihilent leurs effets.

Or :

L'acide phénique pourra-t-il neutraliser ces divers acides, étant acide lui-même?

Assurément non.

Il cautérisera, c'est-à-dire qu'il désorganisera, en les soudant, les pores, et empêchera ainsi l'infiltration de ces venins, s'il est appliqué immédiatement; mais il n'arrêtera nullement leur effet, si cette infiltration a déjà eu lieu, tandis qu'en substituant, ainsi que je l'ai toujours recommandé, l'emploi du *phénol sodique*, qui est toujours alcalin, à celui de l'acide phénique, on obtiendra constamment des résultats favorables.

Je ne citerai pour preuves que la guérison de M^me **Prot**, libraire à Enghien, qui fut piquée dans la bouche par une guêpe, en mangeant du raisin. Sa joue et son cou se tuméfièrent tellement en un quart d'heure, qu'à peine si elle pouvait ensuite ouvrir les yeux.

Une application qui lui fut faite, avec le doigt, d'un peu de phénol sodique, une heure environ après qu'elle eut été piquée, apaisa immédiatement la douleur, et fit désenfler les tissus, qui reprirent en cinq minutes leur position normale.

Je pourrais *citer* mille faits semblables.

Examinons maintenant si les dissolutions aqueuses d'acide phénique, recommandées par M. Lemaire, soit comme boissons hygiéniques, soit comme médicaments à administrer, offriront moins de dangers.

L'acide phénique pur est soluble dans l'eau *à quinze degrés de température*, à raison de cinq pour cent, à ce qu'affime M. Lemaire; et ce sont ces solutions, depuis *un millième jusqu'a cinq centièmes*, qu'il prescrit d'employer dans diverses circonstances.

Admettons que M. le docteur Lemaire, dans un traitement d'ascarides vermiculaires, par exemple, fasse préparer, le soir, une solution de 500 grammes d'eau phénolée aux trois ou cinq centièmes, qui ne devront être administrés que par moitié, le lendemain matin, soit à deux malades, ou en deux fois à la même personne, et que, pendant la nuit, la température, qui était le soir à quinze degrés au-dessus de zéro, se soit alors abaissée à zéro ou à trois degrés au-dessous, ainsi que cela arrive très-souvent; M. Lemaire s'est-il rendu compte de ce qui arrivera infailliblement?

S'il n'y a pas pensé, le voici :

L'acide phénique tenu en dissolution dans l'eau, tant que la température était à quinze degrés et au-dessus, *se précipitera* en partie, si cette température s'abaisse de douze à quinze degrés, et viendra *occuper le fond du vase*, attendu que cet acide pèse 1,065 grammes.

La moitié supérieure du remède, qui sera administrée au premier malade, sera sans effet sur lui, puisqu'elle ne contiendra presque plus d'acide phénique, tandis que l'autre moitié *corrodera* et *désorganisera* les intestins du second malade, aussitôt que l'acide phénique précipité viendra à les toucher; d'où alors une perturbation épouvantable *pouvant causer la mort* de celui à qui il aura été administré.

Tels sont les faits, sans vouloir chercher à en signaler d'autres qui pourront se présenter tous les jours, que je soumets à l'appréciation sérieuse de l'Académie et des personnes compétentes.

En croyant indiquer une médication qui devra être toujours identique, parce qu'il aura employé un produit de composition constante, M. le docteur Lemaire prescrit donc, au contraire, l'emploi d'un topique d'une *instabilité perpétuelle*, devant produire alors des effets bien autrement incertains ou pernicieux que ceux que j'avais déjà reprochés aux coaltars de MM. Corne et Lebeuf, qui étaient loin d'exposer aux mêmes dangers.

En supposant ensuite que M. Lemaire ne se rappelle plus que, *le 9 juillet* 1860, je sois venu signaler, *avant lui*, à l'Académie la supériorité des *dissolutions aqueuses* de l'acide phénique brut (et à plus forte raison l'acide phénique pur ne sera-t-il pas inférieur), pour la désinfection des plaies et blessures, M. Lemaire serait-il alors le premier qui aurait découvert les propriétés de l'*Eau phénolée?*

Non.

Avant lui, Binelli avait déjà inventé et employé l'*eau créosotée*, qui est homologue de l'*eau phénolée*. Ce médecin fit pendant longtemps merveille avec cette eau, qu'il administrait aussi à *l'intérieur et à l'extérieur*.

Pourquoi cette eau, depuis longtemps connue de tous les médecins, a-t-elle été depuis délaissée par eux?

Précisément à cause de l'*inconstance de ses résultats* et de la fréquence des accidents qu'elle déterminait, suivant que la préparation de cette eau était plus ou moins récente et que la température avait été plus ou moins variable.

Que l'on soit persuadé que l'eau phénolée sera sujette aux mêmes inconvénients et subira les mêmes vicissitudes.

Voyons maintenant si l'emploi des phénates alcalins, dédaignés et conspués par M. le docteur Lemaire, présenteront la même variabilité et pourront exposer *aux mêmes* résultats funestes.

Les phénates alcalins, suivant M. Lemaire (page 422 de son ouvrage sur l'acide phénique), sont *très-peu stables*, et c'est à cause de cette instabilité qu'il en proscrit l'emploi.

Cette allégation est entièrement inexacte.

Les phénates alcalins sont *très-stables*, mais ils sont très-facilement décomposés, ce qui n'est pas la même chose.

Si les phénates, quoique stables, sont facilement décomposés, la raison en est toute simple : c'est que l'acide phénique étant un des acides connus *le plus faible* (puisqu'il ne déplace pas l'acide carbonique, qui l'élimine, au contraire, de ses combinaisons), les phénates, en conséquence, sont décomposés aussitôt qu'ils se trouvent en présence d'un acide plus énergique ; et c'est précisément à cause de cette faculté de prompte décomposition que l'idée (que M. Lemaire déclare ne pas être une idée heureuse, page 208 du même ouvrage) m'est venue *de substituer les phénates alcalins* à l'acide phénique dans toutes ses applications, attendu que ces sels, qui n'ont aucun des graves inconvénients de l'acide, en possèdent néanmoins *toutes les propriétés*.

Pourquoi les phénates, à l'inverse de la plupart des sels qui ne possèdent généralement aucune des propriétés particulières des éléments qui les composent, jouissent-ils des propriétés de leur acide, sans en avoir les inconvénients ?

C'est parce qu'aussitôt que les phénates sont en présence, soit d'un acide organique interne ou de l'acide carbonique de l'air, l'acide phénique est mis en liberté avec toutes ses propriétés naturelles, et qu'il agit alors lentement et régulièrement sur les tissus, tandis que lorsqu'il est mis en contact direct avec eux, il les *corrode* ou les *désorganise*, et agit alors comme les poisons minéraux qui tuent ou guérissent, suivant qu'ils sont administrés plus ou moins abondamment.

Le contact immédiat des acides avec les tissus intérieurs surtout, est toujours à éviter autant que possible.

Aussi, est-ce pour cette raison qu'on l'évite avec soin chaque fois qu'il y a possibilité de combiner un acide à une base qu'il puisse abandonner facilement pour se mettre *lentement en liberté*, et qu'aujourd'hui on emploie le *valérianate d'ammoniaque*, ainsi que beaucoup d'autres sels analogues, de préférence aux solutions de l'acide valérianique et autres qu'on administrait auparavant directement.

Telles sont les raisons qui doivent faire préférer *les solutions des phénates alcalins*, qui sont définis et *très-stables*, tant qu'ils ne sont en présence d'aucun acide, à celles des solutions aqueuses de l'acide phénique.

Les phénates alcalins ont ensuite une énergie bien supérieure à celle des solutions phénolées, *même au maximum* de 5 pour cent, puisque cent grammes de phénol sodique à six degrés, par exemple, contiennent douze grammes d'acide phénique réel, tandis que la même quantité d'eau phénolée au maximum n'en renferme que cinq grammes.

M. Lemaire dénie aux phénates, il est vrai, la propriété d'être *hémostatiques* et *désinfectants*, mais les médecins distingués dont j'ai cité le témoignage et publié le rapport, ayant reconnu qu'ils possédaient au contraire ces qualités *au plus haut degré*, j'attendrai que M. Lemaire adresse un nouveau mémoire à l'Académie pour démontrer la *supériorité du phénol sodique* sur l'acide phénique et les dissolutions aqueuses de cet acide, pour prouver de nouveau par un autre mémoire que j'adresserai aussitôt : que cette invention *est encore la mienne*, et que M. Lemaire ne peut toujours prétendre qu'au mérite, que personne ne lui conteste :

De ne pas s'endormir dans les sentiers de la routine ; d'étudier avec soin, intelligence et talent tous les nouveaux agents qui sont signalés par la science et de savoir en faire une application raisonnée à la thérapeutique ; ce qui lui constitue déjà une assez belle part de mérite dont il doit se contenter, sans chercher à s'attribuer, comme il le fait, l'honneur de découvertes qui ne lui appartiennent pas.

En admettant pour un instant que le phénol sodique soit aussi dépourvu de propriétés désinfectantes et hémostatiques que M. Lemaire veut bien l'affirmer, je vais signaler à l'Académie une *qualité immense* que possèdent les phénates alcalins, qualité qui, à elle seule, suffirait pour mériter l'attention de l'Institut, de l'Académie de médecine et du monde savant.

Cette qualité est celle :

*D'enlever immédiatement la douleur si vive que causent les brûlures*, et d'avoir en outre la propriété (si l'application du phénol sodique a été faite immédiatement) de prévenir les *cloques* et l'inflammation qui surviennent constamment à la suite des brûlures ; *d'empêcher ou d'arrêter les suppurations* et d'opérer enfin une guérison très-prompte.

Il est bien entendu cependant que si la brûlure avait désorganisé et détruit les tissus, que le phénol sodique, pas plus que tout autre agent, ne pourra les reconstituer, et que son efficacité ne sera *réelle et constante* que dans toutes les circonstances où il y aura possibilité de guérison, et où la médication par les corps gras, les oléates calcaires sont employés, mais sans avoir à redouter alors les suites ou conséquences souvent mortelles des perturbations ultérieures que produisent les brûlures.

Je pourrais produire, à l'appui de mes observations, des preuves innombrables d'un emploi heureux et presque journalier de mon phénol sodique, pendant quatre années ; mais comme j'ose espérer que l'Académie voudra bien me permettre de concourir pour les futurs prix de chirurgie et de médecine qu'elle délivre annuellement et voudra bien ordonner d'en faire une expérimentation sérieuse, je me contenterai de ne lui citer que quelques faits.

Deux ouvriers employés, l'un chez M. *Coqnet*, fabricant de bétons, et l'autre chez M. *Millery*, fabricant de la bougie de l'Etoile à Saint-Denis, eurent tous deux les deux pieds brûlés.

Le premier en tombant dans la chaux vive que l'on éteignait, et le second par le débordement d'une chaudière de stéarine en ébullition.

Tous deux avaient d'abord été traités par les corps gras et l'acétate de plomb, mais une suppuration abondante s'était néanmoins produite et ce ne fut qu'alors que tous deux commencèrent à employer mon phénol.

Le premier, au bout de huit, et le second au bout de quinze jours, furent complétement guéris.

MM. *Ernest Gouin* et C$^{ie}$, directeurs de la grande fonderie des Batignolles, emploient depuis plus de deux ans le phénol sodique pour la guérison des nombreuses et fréquentes brûlures de leurs ouvriers.

M. *Maletrat*, fabricant d'acide sulfurique à Saint-Denis, l'emploie constamment pour neutraliser et guérir les brûlures produites à ses ouvriers par l'acide sulfurique. M. *Alexis Godillot*, fournisseur des armées, l'emploie également pour le même objet.

M. *Charle*, jeune et nouveau praticien que son savoir, son initiative et ses nombreux succès ont déjà placé au rang des meilleurs médecins de Saint-Denis, s'en sert aussi journellement dans ces mêmes et diverses circonstances et en obtient toujours d'heureux résultats.

Je terminerai enfin par *l'attestation* concluante qu'a bien voulu m'en donner M. *Martenot*, directeur des forges d'Ancy-le-Franc et *maire d'Ancy-le-Franc*, après avoir guéri lui-même promptement un ouvrier fondeur qu'un jet de fonte en fusion était venu frapper en pleine poitrine et brûler horriblement. Le voici :

Je, soussigné, certifie que le phénol de M. Bobœuf est employé *avec succès* aux usines d'Ancy-le -Franc, et que son application sur de *trés-graves blessures*, notamment sur des *brûlures considérables*, a donné les résultats LES PLUS SATISFAISANTS ET LES PLUS PROMPTS.

Ancy-le-Franc, le 30 septembre 1863.

Signé : A. MARTENOT, ancien directeur des forges<br>d'Ancy-le-Franc, maire d'Ancy-le-Franc.

L'Académie a un moyen facile et prompt de vérifier si toutes mes allégations sont aussi véridiques que je l'affirme ; c'est celui de vouloir bien nommer une commission qui pourra de suite être édifiée, en priant *l'officier supérieur des sapeurs pompiers de Paris* d'en faire faire l'expérimentation dans tous les postes établis à Paris. Je délivrerai *gratuitement* les quantités de *Phénol sodique* qui seront nécessaires pour que chacun d'eux en soit pourvu.

J'ose espérer que l'Académie voudra bien fixer son attention **sur** cette merveilleuse propriété du phénol sodique, et qu'elle **voudra** bien én ordonner l'expérimentation.

## APPLICATIONS DIVERSES DU PHÉNOL.

En présence de l'épidémie qui sévit aujourd'hui en Égypte, et qui pourrait s'étendre sur la Turquie et peut-être sur l'Europe, je demande à l'Académie la permission de lui signaler les services immenses que le *Phénol sodique* pourra rendre et les maux qu'il pourra prévenir et même guérir, en assainissant les habitations, en repoussant ou détruisant tous les infusoires, animalcules (microphytes, microzoaires, vibrions, monades, etc.), qui déterminent le typhus, le choléra, les pestes, et qui causent tant de ravages.

L'emploi heureux que la *Préfecture de la Seine* fait depuis *quatre ans* du *Phénol sodique,* pour prévenir ou arrêter la putréfaction des cadavres, et assainir ses établissements les plus insalubres, tels que la Morgue, est une preuve incontestable de l'efficacité et de la supériorité de ce nouveau désinfectant. Il a remplacé le chlore, employé jusque-là, avec d'autant plus d'avantage qu'il n'a pas, comme ce dernier, l'inconvénient d'attaquer à la longue, et quelquefois très-promptement, les bronches et les poumons. — Loin de provoquer des suffocations, le Phénol sodique facilite la respiration; — aussi beaucoup de personnes en répandent-elles aujourd'hui dans leurs habitations et trouvent-elles dans cette pratique un grand soulagement.

*Choléra. — Typhus. — Pestes. — Épidémies diverses.* — Comme moyens préventifs et préservatifs, on devra répandre du Phénol sodique dans les appartements; — en mettre dans l'eau destinée à la toilette et aux ablutions, à raison d'une cuillerée à bouche par demilitre d'eau. — Il faudra, en outre, boire matin et soir un verre d'eau additionnée de phénol dans la proportion de 7 à 8 grammes par litre, avec un peu de sucre et de fleur d'oranger si l'on veut. On devra encore répandre du phénol sur les vêtements, ou porter dans ses poches des linges, éponges, etc., qui en auront été imbibés.

*Moyens curatifs.* — Aux premières atteintes du mal, frictionner vigoureusement le malade avec le Phénol sodique pur, qui est un excellent révulsif; — puis lui faire boire de l'eau additionnée de 10 grammes de phénol par litre. — Ensuite, et lorsque les médecins le jugeront opportun, faire prendre de grands bains dans lesquels on versera deux flacons de phénol (400 grammes).

*Ces bains phénolés* sont excellents, même pour les personnes en bonne santé. — Depuis longtemps je mets un flacon de phénol (200 grammes), dans chacun des bains que je prends, et j'en éprouve les meilleurs effets.

Ces bains ont la propriété de raffermir les chairs, de calmer les démangeaisons, d'apaiser les irritations et de guérir les maladies cutanées.

Beaucoup de dames aujourd'hui emploient le Phénol sodique mélangé à leur eau de toilette, dans les mêmes proportions que le vinaigre de Bully; elles en ressentent les meilleurs résultats.

Employé en injections, à la dose de 20 grammes par litre d'eau, ou plus, après avis de médecin, le phénol sodique arrête les pertes blanches, etc., etc.

Je signalerai aussi ses heureux effets chez des personnes atteintes de catarrhes depuis quinze ans, et qui s'en sont guéries par l'usage de l'eau phénolée.

Je suis certain aussi que les praticiens tireront un parti avantageux et obtiendront des résultats excellents en employant le phénol dans tous les cas d'infections et d'inflammations purulentes, comme les blennorrhagies, gonorrhées, ophthalmies, etc.

Le phénol sodique possède au plus haut degré des propriétés astringentes et toxiques sur les animaux inférieurs. Indiquer ces propriétés à l'Académie, c'est lui faire comprendre de quelle utilité cet agent peut être en thérapeutique; et certes, en énumérant tous les résultats obtenus, et signalant ceux à obtenir, je crois n'avoir rien affirmé que la logique et la science ne puissent admettre, rien annoncé que la pratique ne vienne confirmer et consacrer.

L'Académie comprendra sans peine que si l'usage du phénol sodique avait été adopté, ainsi que je le conseille dans mes brevets depuis 1857, concurremment avec la *peinture* et le *vernissage insectifuges* au moyen de l'*acide phénique commercial*, pour l'assainissement des cales, cabines, entreponts, etc. des navires, que l'on s'est obstiné et que l'on s'obstine à vouloir obtenir au moyen des *dangereuses fumigations* au goudron, l'affreux accident du *William Nelson* qui, il y a quelques jours, a coûté la vie à *près de cinq cents personnes*, ne serait pas venu grossir la liste des sinistres occasionnés par ces tentatives d'assainissement et de désinfection plus dangereuses encore qu'inefficaces. — C'est ce qu'a de suite compris la *Compagnie générale transatlantique*, qui vient d'adopter réglementairement l'usage de mon phénol sodique, pour l'assainissement et la purification de ses magnifiques paquebots, et de le classer parmi les produits embarqués pour les pharmacies de bord.

# RÉSUMÉ

Le Mémoire que j'ai l'honneur d'adresser à l'Académie a donc pour objet :

1° De protester contre la priorité de l'étude et de l'emploi de l'acide phénique à l'hygiène et à la thérapeutique que M. le D<sup>r</sup> *Jules Lemaire* s'attribue dans sa réclamation adressée à l'Académie, à la date du 9 janvier, et dans celle insérée au journal le *Siècle*, du 16 mars 1865.

2° De signaler ensuite les dangers qui doivent résulter de l'emploi, soit de l'acide phénique pur, pour les cautérisations, soit de celui des dissolutions aqueuses de cet acide pour les médications internes ou externes, en rappelant la dangereuse *causticité* que possède l'acide phénique (analogue à la *créosote*, au lieu et place de laquelle on le vend depuis longtemps dans le commerce) et la difficulté d'en circonscrire l'application et d'éviter de brûler profondément les parties circonvoisines;

De démontrer de plus l'*instabilité* des dissolutions aqueuses de l'acide phénique, que les changements de température modifient profondément, et de proposer qu'on leur substitue celui du phénol sodique, dont la stabilité est constante.

3° D'appeler en outre l'attention la plus sérieuse de l'Académie sur les propriétés hémostatiques que possède le PHÉNOL SODIQUE, *surtout* sur celles qu'il a d'apaiser *immédiatement les douleurs causées* PAR LES BRULURES, et de les guérir promptement *sans inflammation ni suppuration;* — de prier l'Académie de nommer une commission qui veuille bien engager le *commandant* des sapeurs-pompiers de Paris à en faire faire l'expérimentation.

(J'offre de donner *gratuitement* les quantités nécessaires de ce produit pour essayer dans tous les postes les propriétés du nouveau topique.)

4° D'indiquer les futures applications qui peuvent être faites de l'acide phénique et notamment du *phénol sodique* à l'hygiène, à l'agriculture, et surtout pour l'assainissement et la *désinfection des navires.*

5° D'énumérer les propriétés du phénol sodique pour prévenir ou arrêter les épidémies et particulièrement le *choléra*, et les applications multiples dont il est susceptible pour combattre les affections purulentes de toute nature.

6° De me présenter aux concours ouverts pour les futurs prix de chirurgie et de médecine que l'Académie a à décerner.

Recevez, Monsieur le Président, l'assurance de la respectueuse considération

De votre très-humble serviteur,

BOBOEUF,

N° 9, rue Buffault, à Paris.

Paris, le 5 août 1865.

# DOCUMENTS

### ET

# PIÈCES AUTHENTIQUES

---

**Numéro 1.**

*Compte rendu de la séance de l'Académie, du 2 janvier 1865,
par le journal la* Patrie.

Les *Comptes rendus hebdomadaires de l'Academie des Sciences*
ont publié hier l'extrait suivant d'un mémoire de M. le docteur
Déclat, lu par M. Flourens, sur l'*emploi de l'acide phénique en médecine.*

1o Dès 1861, j'ai arrêté, etc. (ainsi que le Mémoire de M. Déclat est analysé
dans les comptes rendus que j'ai relatés plus haut).

Le rédacteur ajoutait ensuite :

« Il est à regretter que le *Bulletin* n'ait point accompagné l'extrait qu'on
vient de lire des observations dont M. Flourens a fait suivre cette lecture.

« M. le secrétaire perpétuel, avec sa haute autorité scientifique et sa sûreté
d'appréciation, a non-seulement demandé qu'une commission, composée
de MM. Andral, Rayer et Jobert de Lamballe, fût chargée de faire un rapport
à l'Académie sur le mémoire de M. Déclat, mais encore il a fait ressortir
les parties principales du travail de ce médecin, et il a ajouté en terminant :

« Je me permettrai d'attirer l'attention de l'Académie *sur ce travail considérable, qui me parait désigné d'avance pour un des prix de médecine et de
chirurgie que nous décernons. Nul ne s'y présentera avec des titres plus sérieux.* »

*Compte rendu de la séance de l'Académie des Sciences,
du 2 janvier 1865, par le* Petit Journal.

Une nouvelle intéressant bien vivement l'humanité nous engage à publier
quelques lignes sur la première partie de cette séance.

A son ouverture, *M. Flourens* a signalé parmi la correspondance un mémoire qui, a-t-il dit, mérite à tous égards toute l'attention de l'Académie.
Dans ce mémoire, M. le docteur *Déclat* établit les résultats remarquables
qu'il a obtenus par l'emploi de l'acide phénique dans les cas de gangrène.
*C'est M. le docteur Déclat qui le premier a songé à tirer parti des propriétés par-
ticulières de cet acide pour une gangrène survenue après la fracture de la colonne
vertébrale.* Un résultat miraculeux fut sa récompense. Depuis, le docteur
Déclat a obtenu, dans un grand nombre de circonstances, des guérisons des
plus remarquables. Le travail du savant docteur, a dit M. Flourens, *est considérable, et l'illustre secrétaire perpétuel de l'Académie n'hésite pas à présenter
ce Mémoire pour le prix Montyon* (médecine et chirurgie).

Voilà ce qui nous a frappé dans le compte rendu de cette intéressante
séance, et sans connaître l'heureux praticien qui s'est attiré cette haute et
précieuse marque d'attention de M. Flourens et de l'Académie, nous devons

nous associer aux justes acclamations qui signaleront son importante découverte.

De son côté, le journal le *Constitutionnel*, dans un feuilleton fort remarquable, de M. Henri de Parville, qu'il a publié le 15 du même mois, s'exprimait ainsi, au sujet du Mémoire de M. Déclat :

« Depuis les travaux de MM. Pouchet, Joly et Musset, d'une part, de M. Pasteur, de l'autre, sur les productions organisées qui se développent presque partout sur les composés d'origine organique privée de vie ou dont les fonctions normales sont entravées, les médecins se sont beaucoup préoccupés de rechercher *le rôle des infusoires* dans certaines de nos maladies. Et même pour un certain nombre de praticiens éclairés, il semble maintenant évident que *beaucoup d'affections* n'ont d'autre origine que *les petits êtres organisés* qui peuvent dans certains cas envahir l'économie.

Et qui s'en étonnerait, en songeant un peu à ces *millions d'êtres*, compagnons inconnus *qui habitent notre corps,* avec ou sans notre autorisation? Que de personnes sont propriétaires sans le savoir ! Et que de locataires nous logeons ainsi à tous les étages de notre maison mobile ! *Nous en avalons, nous en buvons à poignées,* c'est triste à dire, mais c'est à dire.

Nous reviendrons sur ces pérégrinations des infiniment petits qui intéressent directement l'hygiène. Qu'il nous suffise d'ajouter aujourd'hui que, pour nous, il n'est nullement utile que des germes s'introduisent dans l'économie pour déterminer *des accidents morbides*. Chaque fois que des tissus, des membranes, par une cause quelconque, seront plus ou moins excités que d'habitude par la force vitale ; chaque fois que de brusques changements atmosphériques pourront rompre l'équilibre et modifier physiquement les tissus, *des décompositions et des recompositions organiques surgiront* et des corpuscules organisés, en prenant naissance, *enflammeront les organes*. DE LA DES MALADIES, non-seulement par invasion de corpuscules du dehors, mais encore par productions internes. Telle nous semble être la cause réelle et encore mal définie des *bronchites, rhinites, catarrhes, grippes,* etc., qui affectent le corps le plus souvent, à la façon des fièvres intermittentes, causées également par l'invasion de corpuscules organisés en suspension dans l'air atmosphérique.

*Toutes les substances susceptibles d'empêcher le développement de ces corpuscules, d'arrêter leur accroissement ou leur transformation, doivent être administrées comme remède curatif.*

C'est sans doute guidé par des vues analogues qu'un savant médecin, M. le docteur Déclat, a fait récemment connaître le résultat de ses recherches.

Une chute de cheval amène une paralysie complète. La colonne vertébrale était, en effet, fracturée au niveau de la troisième vertèbre dorsale. La gangrène se manifeste bientôt au sacrum, aux malléoles. *La gangrène, c'est une décomposition du tissu, avant-coureur d'une recomposition,* suivant de nouvelles orientations moléculaires. Il fallait au plus vite arrêter le travail organique. M. Déclat eut l'heureuse pensée de *tanner* les parties gangrenées avec de l'acide phénique. Dix grammes d'acide phénique brut dans cent grammes d'huile ordinaire furent étendus sur la partie malade. La gangrène s'arrêta : le malade fut sauvé.

*Depuis cette cure,* on emploie à l'Hôtel-Dieu l'acide phénique comme pansement habituel. Nous pensons que l'acide phénique devrait être substitué presque dans tous les cas à l'alcool encore généralement usité. Les beaux travaux de M. Lemaire sur cet acide ont mis hors de doute son action toute spéciale sur les organismes en voie de développement; *il tue ou arrête toute évolution organique.*

L'acide phénique, découvert en 1834 par Runge, est un des produits de la distillation de la houille. Il est incolore, il a une odeur spéciale qui rappelle *la créosote* ; il attaque la peau quand il est pur et tache le linge à la manière des huiles.

Il résulte des récentes observations de M. le docteur Déclat que son usage en thérapeutique *est très-certainement appelé à se généraliser de plus en plus.* Ses avantages restent démontrés dans le cas de *plaies traumatiques, d'affections infectieuses, d'eczémas rebelles, d'engorgements avec ulcération, d'épidémies, d'endémies,* etc. M. Déclat A OUVERT LA VOIE *avec succès,* il est grandement à souhaiter *qu'on suive son exemple* et qu'on multiplie les observations.

Nous verrions avec plaisir *l'eau phéniquée* s'introduire dans les usages domestiques pour ASSAINIR *l'air de nos appartements.* Il y a tant de corpuscules organisés, de germes de maladies dans l'air généralement malsain que nous respirons, *qu'on ne saurait trop essayer* par tous les moyens possibles de combattre leur action pernicieuse.

Le journal le *Temps* dit ensuite sur le même sujet :

L'ACIDE PHÉNIQUE DEVANT L'ACADÉMIE DES SCIENCES.

« Nous avons fait connaître, l'an dernier, à nos lecteurs, les belles et importantes recherches de M. le docteur Lemaire, sur un nouvel agent thérapeutique, tiré du goudron de houille, sur l'acide phénique. Dans un livre très-bien fait, qui a paru en 1863, et dont nous avons rendu compte, M. Lemaire a donné une histoire complète de ce corps : il y étudie son action sur les végétaux, les animaux, les ferments, les venins, les miasmes, et ses applications à l'industrie, à l'hygiène, aux sciences anatomiques et à la thérapeutique.

« En un mot, cet ouvrage est une monographie complète de l'acide phénique, dont M. Lemaire *a le premier* mis en évidence, d'une façon claire, et en s'appuyant sur des faits nombreux, l'importance thérapeutique. Nous avons donc été profondément surpris en lisant dans le compte-rendu de la séance de l'Académie *du 2 janvier dernier* une note par laquelle un médecin, nommé *Declat,* revendique la première application de l'acide phénique à la médecine comme lui appartenant; note dans laquelle ce médecin dit, après avoir rapporté une application de l'acide phénique à un malade atteint de gangrène: « *Depuis, l'acide phénique a fait son chemin, d'abord à l'Hôtel-Dieu, puis dans d'autres hôpitaux.* » Notre surprise a été plus grande encore, en voyant prôner les faits annoncés par M. Déclat comme une *découverte* importante.

« La justice nous oblige à déclarer que M. Déclat n'a rien inventé en cette matière, *pas même une nouvelle application de l'acide phénique*; il est d'ailleurs facile de s'en convaincre en lisant la lettre suivante, adressée par M. Lemaire à l'Académie (suit la lettre ci-dessus transcrite de M. Lemaire que M. *L. Grandeau,* rédacteur dudit journal, fait suivre des réflexions suivantes : )

« L'Académie a jugé à propos de supprimer les deux dernières phrases de cette lettre; est-ce faute de place ou pour toute autre raison ? Je l'ignore. Ce qui résulte évidemment des faits qui précèdent, c'est que *tout le mérite de l'application de l'acide phénique à la médecine revient à M. le docteur Lemaire,* et que M. Déclat n'a rien là à prétendre. Quand donc l'Académie sera-t-elle un peu plus difficile en ce qui concerne l'insertion, dans ses comptes-rendus, de travaux tout à fait dépourvus de nouveauté ou d'intérêt scientifique, et ne permettra-t-elle plus qu'on puisse, bien à tort, j'en suis convaincu, l'accuser de favoriser la réclame, et de faire concurrence à la quatrième page des journaux ? »

Le *Constitutionnel* apprécia ainsi la réclamation adressée le 15 janvier 1865 à l'Académie, par M. Jules Lemaire :

M. FLOURENS dépouille la correspondance au milieu du bruit. Il signale une note de M. Du Moncel sur les nouveaux électro-aimants à fil découvert; une lettre de M. le docteur Déclat, en réponse à M. Lemaire. « M. Déclat *ne réclame nullement pour lui la priorité de l'emploi thérapeutique de l'acide phénique,* dit M. Flourens, mais il attire l'attention de l'Académie sur des cures

très-remarquables qu'il a obtenues avec cet agent, et il ajoute que, le premier, il l'a utilisé avec succès à l'intérieur. Il n'y a rien là d'inexact. » Ajou-
tons, pour notre part, qu'il serait imprudent peut-être à M. Lemaire de
soulever ici des questions de priorité, puisque lui-même sait bien que le
coaltar avait été cité comme désinfectant par Liebig, Gerbardt, MM. Pariset,
et *Bobœuf*. — Chaumette, dès 1813, reconnaissait les propriétés antiseptiques
du coaltar. Passons.

Le *Moniteur scientifique*, rédigé par M. le D<sup>r</sup> *Quesneville*, ana-
lysait ainsi la séance de l'Académie du 9 janvier 1865 :

« La séance du 2 janvier avait été *phéniquée* par un mémoire de *M. Déclat*,
celle du 9 l'est, dès son début, par une réclamation de *M. J. Lemaire*, sur les
prétentions de son confrère. Voici la réclamation qu'adresse à *M. Flourens*
LE PÈRE NOURRICIER DE L'ACIDE PHÉNIQUE. »

Suit la lettre de M. Lemaire, qu'il accompagne des réflexions
suivantes :

« M. Lemaire avait terminé sa réclamation par cette phrase assez juste à
l'adresse de M. Flourens : « M. le secrétaire perpétuel ayant proposé que le
mémoire de M. Déclat soit admis à concourir pour le *prix Montyon*, je vous
prie, monsieur le Président, de vouloir bien solliciter de l'Académie la même
faveur pour mes travaux. » Or, M. Flourens a supprimé cette phrase du
*compte rendu*, ce qui semble impliquer qu'il désavoue ce qu'il avait proposé
dans la séance du 2 janvier. Nous en félicitons M. Flourens qui, par ses
commentaires, semblait disposer des récompenses de l'Académie en recom-
mandant à l'avance les sujets à examiner et les candidats à couronner.

Le *Constitutionnel* publia encore, dans son numéro du 29 janvier,
un second article sur l'acide phénique ; le voici :

Les quelques lignes que nous avons consacrées à l'acide phénique dans
notre dernière causerie nous ont valu un grand nombre de lettres. Nous
avions cité les études de M. le docteur Lemaire et les résultats thérapeutiques
obtenus par M. le docteur Déclat.
L'acide phénique paraît devoir être conseillé pour le pansement des plaies,
et surtout dans le traitement des maladies infectieuses et dans d'autres
affections telles que engorgement, angine couenneuse, coryza, etc.
Un médecin très-distingué, M. le docteur *J. Lecœur*, professeur à l'École
de médecine de Caen, nous communique à ce propos les résultats remarquables qu'il obtient depuis longtemps avec l'alcool et les teintures alcooli-
ques dans le pansement des plaies. M. Lecœur accumule les preuves dans
une brochure que nous avons sous les yeux. L'alcool, en effet, est employé
avec succès, non-seulement à Caen, mais encore dans presque tous les
hôpitaux de Paris et de Lyon. Il était bon de rappeler des travaux qui ont porté
leurs fruits ; mais nous continuerons à penser que l'acide phénique peut
avoir une action salutaire plus énergique que l'alcool et très-souvent active
alors que l'alcool resterait insuffisant.
On commence à adopter dans beaucoup de maisons de petits évaporateurs
à acide phénique qui assurément ne peuvent produire que d'excellents
effets. Partout où les appartements sont petits, partout où beaucoup de personnes se disputent un espace limité, des miasmes nombreux se répandent
dans l'atmosphère et corrompent l'air que nous respirons. Les évaporateurs
répandent de l'acide phénique qui sert de contre-poison aux microzoaires,
aux microphites et purifient l'appartement.
On vient d'essayer l'acide phénique avec succès à bord de plusieurs navires. Il faut avoir fait une traversée sur certains bâtiments pour savoir jusqu'à
quel point il est difficile de purifier l'air infecté de miasmes. Les chlorures,
le permanganate de potasse lui-même agissent bien sur les matières solides

ou liquides de la cale, mais n'ont pas d'action sensible sur les gaz. L'acide phénique, au contraire, permet d'atteindre et de désinfecter les gaz.

Il existe aussi un autre inconvénient capital auquel cet acide semble pouvoir porter remède : l'invasion des insectes et de leurs œufs. Dans les navires les mieux tenus, à bord des paquebots transatlantiques anglais qui font le service des Antilles, les insectes deviennent une véritable calamité pour les passagers. Les boiseries, les malles, le linge, les draps et les couvertures du lit servent de réceptable à des orthoptères immondes, à des cancrelats plus gros que des hannetons, dont il faut absolument subir l'exécrable voisinage. Une couche d'acide phénique sur les boiseries et des vapeurs phéniquées dans les meubles éloignent très-bien, dit-on, les cancrelats.

Si le succès de ces premières expériences se vérifie, l'acide phénique serait certainement appelé à rendre de bien grands services sous les tropiques.

Il y faut en effet disputer à toute minute aux insectes, aux animaux de toute nature, et le sol que vous foulez, et l'eau que vous buvez, et l'air que vous respirez. C'est un combat sans trêve qu'il faut incessamment soutenir. Les moustiques, les fourmis noires, les thermites, les araignées, les rats, les guêpes, les cancrelats, les scorpions, les serpents, toute une légion bigarrée vous poursuit à outrance.

S'endort-on dans son hamac, fatigué des marches de la journée, le revolver à portée accroché aux cordages, vous vous réveillez souvent poursuivi par une douleur insupportable. Des escadrons de fourmis vous galopent sur le corps, vous piquent sans vergogne et se massent en colonnes des pieds à la tête se dirigeant sur le revolver. Pourquoi cet assaut ?

L'humidité est si grande dans ces contrées, que, pour préserver l'arme, il faut la recouvrir constamment d'une mince couche d'huile de palme. Or, c'est l'huile de palme qui vous vaut cette invasion. La cohorte se jette dessus, attirée de toutes parts par l'appât d'un bon festin. Le revolver disparaît sous des chapelets, sous des grappes de fourmis.

Que de fois, dans l'Amérique centrale, nous est-il arrivé à nous-mêmes d'être réveillé en sursaut par de petits tiraillements insolites ! On nous tirait par les cheveux à deux ou trois places à la fois, et vraiment sans aucune précaution. Plusieurs nuits se passèrent avant que nous trouvions la cause de ces taquineries nocturnes. Au réveil, plus rien. Nous nous rendormions ; même manége.

Qui le devinerait ? ces taquins importuns, c'étaient les rats du voisinage qui s'enhardissaient jusqu'à venir manger la pommade de nos cheveux.

Et les araignées, et les guêpes, et les petits serpents corail ! quelle vie que la vie sous les tropiques !

On comprendra sans peine de quelle utilité pourraient être, dans ces contrées, les préparations phéniquées... Il est donc à souhaiter que l'expérience en fasse décidément reconnaître la véritable efficacité.

Henri de Parville.

## Article de M. GAUDIN sur les propriétés de l'acide phénique, publié dans le *Siècle* du 13 mars 1865.

*Considérations sur les maladies contagieuses des animaux et de l'homme, et sur les moyens nouveaux de les guérir, surtout dans l'inoculation accidentelle par la rage, par les blessures anatomiques et les piqûres des insectes.*

Ce sont les infiniment petits qui dominent le monde matériel ; tout se produit par l'accumulation de leurs efforts ou de leurs débris. La pesanteur n'est en effet que la résultante totale des poussées subies par les atomes, tout comme les effets si surprenants de la poudre et de la vapeur ne représentent que la somme des réactions de ces mêmes atomes, qui compensent, par la multiplicité et la rapidité de leurs mouvements, la petitesse de leur masse.

On sait très-bien que le fond des océans s'exhausse sans cesse par l'accumulation des débris des êtres vivants les plus minimes, qui finissent par arriver à fleur d'eau et créer des récifs aussi vastes que des continents; le banc de craie de cinq cents mètres d'épaisseur qui gît sous Paris n'a pas eu d'autre origine.

En raison de la durée bornée de la vie des espèces végétales et animales, et de la force vitale qui leur résiste, les infiniment petits ne peuvent que très-rarement les envahir en totalité, et leur effet destructeur ne se produit souvent qu'à leur surface; ce sont alors des parasites, soit végétaux, soit animaux, qui s'implantent dans leur substance. Au contact de l'air, ils sont d'espèce végétale ou animale; mais, à l'abri de l'accès de l'air, les espèces animales seules peuvent vivre et se reproduire.

Il existe des maladies très-graves des végétaux et des animaux, formant par leur universalité et leur intensité autant de pestes pour l'agriculture, provenant de l'invasion de cryptogames microscopiques, espèces de moisissures qui annulent quelquefois les récoltes de contrées entières: témoin la muscardine des vers à soie, l'oïdium de la vigne, etc. Le pendant chez l'homme est la teigne, provenant d'un favus qui s'implante sur le cuir chevelu et résiste à la guérison au point qu'il est passé en proverbe de dire : tenace comme la teigne. Je me rappellerai toujours avoir vu, dans mon jeune âge, un pharmacien de ma ville natale vendre à des paysans, par kilogrammes, un savon mercuriel qu'il me dit être un remède contre la teigne. Il est bien singulier qu'un champignon puisse végéter sur les corps vivants absolument comme le blé dans un champ; cependant, rien n'est plus certain, et un grand nombre de maladies de la peau n'ont pas d'autre cause que l'invasion d'un parasite le plus souvent invisible. Sur ce point, il existe une lacune dans la science; on ne les voit pas, mais ce n'est pas une raison pour méconnaître leur existence.

Le mystère des fermentations s'est beaucoup éclairci dans ces derniers temps, grâce aux recherches persévérantes de M. Pasteur. Je me souviens d'avoir ri quand M. Cagniard de Latour annonça, il y a trente ans, que les animalcules y jouaient un grand rôle. C'est cependant une vérité acquise aujourd'hui : on n'admet plus de fermentation sans ferment, et le ferment est toujours une matière végétale ou animale qui, en se développant, effectue la transformation des corps, absolument comme nous le faisons par des réactifs dans nos synthèses chimiques.

De proche en proche, on est donc arrivé à admettre que la pourriture, ou fermentation putride, est le fait des animalcules qui prospèrent dans ces milieux infects. Tout récemment, M. Pasteur est arrivé même à conclure que les animalcules de la fermentation putride sont d'une espèce spéciale, susceptible de vivre dans les *milieux privés d'oxygène*, et là seulement; ce qui est en opposition avec toutes nos idées reçues. Voici un passage de son mémoire, qui montrera sur quoi il s'appuie pour soutenir cette thèse aussi hardie que nouvelle :

« La putréfaction est déterminée par des ferments organisés du genre vi-
« brion..... Ces vibrions peuvent vivre sans oxygène libre, et périssent au
« contact de ce gaz, si rien ne les préserve de son action directe.

« Les conditions dans lesquelles se manifeste la putréfaction peuvent va-
« rier beaucoup. Supposons, en premier lieu, qu'il s'agisse d'un liquide,
« c'est-à-dire d'une matière putrescible dont toutes les parties ont été expo-
« sées au contact de l'air. De deux choses l'une : ce liquide aéré sera ren-
« fermé dans un vase à l'abri de l'air, ou il sera placé dans un vase non
« bouché, à ouverture plus ou moins large. J'examinerai successivement ce
« qui se passe dans les deux cas. Il est de connaissance vulgaire que la pu-
« tréfaction met un certain temps à se déclarer, temps variable suivant les
« circonstances de la température, et de neutralité, d'acidité ou d'alcalinité
« du liquide. Dans les cas les plus favorables, il faut au minimum vingt-
« quatre heures pour que le phénomène commence à être accusé par des
« signes extérieurs.

« Pendant cette première période, un mouvement intestin s'effectue dans

« le liquide, mouvement dont l'effet est de soustraire entièrement l'oxygène
« de l'air qui est en dissolution, et de le remplacer par du gaz acide carbo-
« nique. La disparition totale du gaz oxygène, lorsque le milieu est neutre
« ou légèrement alcalin, est due généralement au développement des plus
« petits des infusoires, notamment le *monas crepusculum* et le *bacterium termo.*
« Un très-léger trouble se manifeste, parce que ces petits êtres voyagent dans
« toutes les directions. Lorsque ce premier effet de soustraction de l'oxygène
« en dissolution est accompli, ces petits êtres périssent et tombent peu à peu
« au fond du vase, comme ferait un précipité, et si par hasard le liquide ne
« renferme pas de germes féconds des ferments dont je vais parler, il reste
« indéfiniment dans cet état, sans se putréfier, sans fermenter d'aucune fa-
« çon. Ce cas est rare, mais j'en ai rencontré cependant des exemples. Le
« plus souvent, lorsque l'oxygène qui était en dissolution dans le liquide a
« disparu, les vibrions ferments, qui n'ont pas besoin de ce gaz pour vivre,
« commencent à se montrer, et la putréfaction se déclare aussitôt. Elle s'ac-
« célère peu à peu, en suivant la marche progressive du développement des
« vibrions.

« Quant à la putréfaction, elle devient si intense que l'examen au micros-
« cope d'une seule goutte du liquide est très-pénible, pour peu que cet exa-
« men dure quelques minutes. Mais je me hâte de faire remarquer que la
« fétidité de la liqueur et du gaz dépendent surtout de la proportion de sou-
« fre qui entre dans la matière en putréfaction. L'odeur est peu sensible si
« la substance n'est pas sulfurée; tel est, par exemple, le cas de la fermen-
« tation des matières albuminoïdes que l'eau peut enlever à la levure de
« bière.

« Tel est aussi le cas de la fermentation butyrique, car, d'après les résul-
« tats mêmes que j'expose, rapprochés de mes études antérieures, la fermen-
« tation butyrique est, par la nature de son ferment, un phénomène exacte-
« ment du même ordre que la putréfaction proprement dite; voilà pourquoi
« la manière dont on envisage la putréfaction est en quelque sorte trop res-
« treinte.

« Il résulte de ce qui précède, que le contact de l'air n'est aucunement
« nécessaire au développement de la putréfaction. Bien au contraire, si
« l'oxygène dissous dans un liquide putrescible n'était pas tout d'abord
« soustrait par l'action d'êtres spéciaux, la putréfaction ne pourrait avoir
« lieu, parce que les ferments de la putréfaction, c'est-à-dire ces vibrions,
« ne pourraient prendre naissance, l'oxygène ferait périr tous ceux qui
« tenteraient de se développer à l'origine. »

Voilà qui est net et clair. Il existe cependant un moyen simple pour mettre cette théorie à l'épreuve. Il consistera à s'assurer si un liquide putrescible au plus haut degré, auquel est encore ajoutée une quantité infiniment
petite d'un autre liquide en pleine putréfaction, c'est-à-dire contenant des
germes animalisés en pleine vitalité, sera garanti ou non de la putréfaction
la plus réelle en le mettant en contact, non pas seulement avec l'air, mais
avec l'*oxygène pur.* Je me suis déjà procuré l'appareil nécessaire à cette expérience, que je me suis proposé de tenter, et je n'y vois que la difficulté
d'obtenir, dans cette saison, le degré de chaleur indispensable à l'établis-
sement de cette fermentation.

Ceci reste donc à examiner, mais, loin de la contredire, corrobore l'idée
que je me suis faite de tout temps, avec bien d'autres sans doute, que les
germes animalisés jouent un rôle capital dans les maladies épidémiques ou
contagieuses.

On a cru pendant longtemps que les vers qui se développent sur la chair
en putréfaction y naissaient spontanément; un beau jour on s'est avisé de
mettre obstacle à l'accès des mouches, et alors les vers ne se sont plus mon-
trés. Mais à cause de leur ténuité infinie, rien ne peut nous soustraire à
l'invasion des germes animalisés si universellement répandus dans l'air, qui
échappent aux plus puissants microscopes; puisque l'infusoire adulte lui-
même, qui doit excéder en grosseur dix fois environ le diamètre de son
œuf, est tout au plus perceptible au microscope. Du moment donc qu'il

existe des semences d'une telle nullité, on est forcé d'admettre le fait, et ce qu'il y a de mieux à faire est de trouver les moyens d'y porter remède.

C'est précisément ce qui est en voie de se réaliser en ce moment. Parmi la variété infinie de nos produits naturels ou artificiels du règne organique, il en est un, longtemps méconnu, qui possède la faculté précieuse de faire périr tout germe microscopique animalisé, à la dose la plus minime qui est pour eux un poison, bien qu'inoffensive pour l'homme et pour les végétaux. C'est l'*acide phénique, et son promoteur en thérapeutique est M. le docteur Déclat*, médecin distingué de Paris.

Il existe une relation remarquable entre la composition de la benzine et celle de l'acide phénique, que je puis rendre d'une façon saisissante par la représentation de leur molécule. D'après son analyse et la densité de sa vapeur, la benzine contient dans sa molécule 6 atomes de carbone et 6 atomes d'hydrogène, et l'acide phénique n'en diffère que par un atome d'oxygène en plus; c'est la benzine oxydée, comme les représentent les figures ci-jointes :

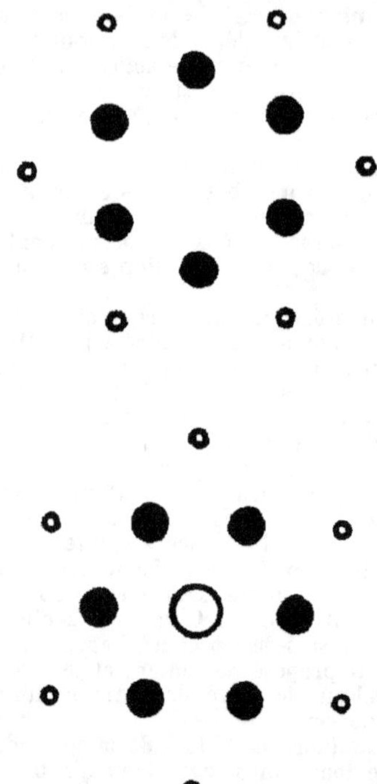

Dans mon système d'équilibre des atomes, qui se vérifie dans tous les corps, la nature et le nombre de ces atomes forme, par extraordinaire, deux molécules *planes*, la première, la benzine, ayant son centre vide, comme la plupart des essences; ce centre étant occupé dans la seconde figure par un atome d'oxygène, comme dans les camphres; de sorte que l'acide phénique serait en quelque sorte le camphre de la benzine.

Si, ce qui est très-probable, les succès à venir répondent aux brillants débuts de M. Déclat, ce sera un nouveau problème résolu, non moins remarquable que l'application du chloroforme, et d'une importance bien supérieure par la généralité des applications de ce nouveau remède.

Il y a longtemps que l'on connaissait la propriété éminemment antiputride de l'acide phénique. Il suffisait d'en mettre quelques parcelles dans un vase clos où l'on déposait une pièce de gibier, pour l'empêcher de se corrompre.

La propriété antiseptique reconnue il y a quelques années au *coaltar*, et qui a fait grand bruit, était due principalement à la présence de l'acide phénique, et déjà l'application de ce coaltar à la guérison des plaies se faisait couramment partout. M. Lebœuf, de Bayonne, avait même réussi à rendre ses effets plus marqués en y ajoutant de la saponine; mais aujourd'hui c'est le tour de *l'acide phénique tout seul*, qui est bien plus énergique, et peut se doser avec la plus grande précision.

Non-seulement M. Déclat l'a employé avec succès pour prévenir la pourriture d'hôpital et la gangrène, mais encore pour la guérison *du cancer, de la fièvre typhoïde, de l'angine couenneuse* et autres maladies qui résultent de l'invasion d'un ferment de putridité ou d'une infection purulente. Ce qui a mis le comble à son succès a été son administration heureuse à *l'intérieur*, dans l'estomac, l'intestin et la vessie, sous forme d'eau de glycérine et de sirop phéniqués, à des doses assez fortes, qui, tout en jouissant d'innocuité pour les malades, font pénétrer ce nouveau médicament dans la circulation même, pour y détruire les germes d'infection. C'est même l'importance des résultats acquis par lui de prime abord qui a déjà donné lieu à une réclamation de priorité de la part de M. Lemaire, l'un de ses confrères, chose qui arrive toujours en pareil cas. Ce n'est pas ici le lieu d'examiner la validité de cette réclamation; je dois me borner à signaler ce remède nouveau, à cause de sa haute portée au point de vue de l'intérêt général.

En résumé, nous voici donc enfin en possession d'un agent, puissant préservateur et curatif des maladies épidémiques et d'infection, pouvant se respirer, s'ingérer et s'appliquer sur les plaies. Il y a tout lieu de croire que son application immédiate sur les plaies d'inoculation produite par la morsure d'animaux enragés ou de serpents venimeux, par la piqûre charbonneuse de certaines mouches et par les blessures d'instruments anatomiques, mettra obstacle à l'infection; car, si l'on excepte les venins, pour les infections qui exigent un certain temps d'incubation avant de se révéler, on est autorisé à admettre qu'il s'agit de l'inoculation de germes organisés qui finissent par envahir toute l'économie, et, dans ce cas enfin, au lieu d'employer la cautérisation par le fer rouge, il serait plus rationnel, il me semble, de faire agir sur la plaie un appareil de succion énergique servi par une petite pompe à main qui viderait tous les vaisseaux capillaires à proximité, sauf à faire suivre cette opération d'une application d'acide phénique.

Dans certaines contrées, dans la Beauce, par exemple, le gros bétail est sujet à une maladie grave qui quelquefois fait périr en masse les plus beaux sujets; cette maladie est connue sous le nom de *sang de rate;* elle est caractérisée par la présence, dans le sang des bêtes, d'un infusoire microscopique nommé *bactérie*, qui provient peut-être de ce que, dans ce pays élevé, privé de tout cours d'eau, les bestiaux ne sont abreuvés que par des mares stagnantes ne fournissant que des eaux corrompues et infectantes.

Il est très-probable aussi que l'eau phéniquée administrée à ces bêtes, ou même introduite en minime proportion dans les mares, préviendrait cette sorte de peste ; que cette même eau phéniquée, appliquée en lotions *sur la vigne et en badigeonnage* dans les magnaneries, serait plus efficace et moins coûteuse que la fleur de soufre dans les premiers, et écarterait des vers à soie les maladies qui les déciment depuis tant d'années.

M.-A. Gaudin.

## Numéro 2.

*Copie du Mémoire adressé, à la date du 9 septembre 1859,
à M. CHEVREUL, rapporteur de la commission nommée
par l'Académie des sciences, pour examiner le nouveau
topique (coaltar) proposé par MM. CORNE et DEMEAUX
pour la guérison des blessures.*

Paris, 9 septembre 1859.

Monsieur le Rapporteur,

Ce n'est que depuis quelques temps seulement que j'ai appris que de sérieuses discussions, relatives à l'admission proposée d'un nouveau topique (celui de la poudre du coaltar) avait captivé l'attention de l'Académie pendant plusieurs séances.

Occupé *depuis huit ans* de l'examen des propriétés et des applications spéciales des huiles essentielles en général, et en particulier des huiles de houille, de tourbe, de bois et de schistes; *breveté*, en outre, depuis *le 15 juillet* 1857, pour des procédés de *conservation* et de *désinfection* IDENTIQUES A CEUX DE MM. CORNE ET DEMEAUX, permettez-moi de venir vous faire part de mes recherches et de mes travaux antérieurs, afin que, mieux éclairée peut-être par les nouveaux documents que je vais donner, la commission, dont vous êtes l'honorable et savant rapporteur, puisse se former une opinion plus complète et se prononcer ensuite avec plus d'autorité sur le mérite réel des travaux de chacun.

L'exposé des résultats curatifs de la nouvelle invention et la proposition de son emploi approuvé en médecine ont provoqué au sein de l'Académie et de la science de vives approbations, des restrictions motivées et des critiques sérieuses de la part des médecins, des chimistes et des savants.

En présence de cette diversité d'opinions, qu'il me soit permis de venir exposer aussi mes idées à ce sujet.

La poudre de MM. Corne et Demeaux, composée de 97 à 99 parties de plâtre et 1 à 3 de coaltar (expression anglaise employée, je ne sais pourquoi, par les inventeurs pour désigner le goudron de houille, qui cependant est cosmopolite) guérit-elle et guérira-t-elle toujours? Désinfecte-t-elle et désinfectera-t-elle toujours?

Oui et non.

Oui, le coaltar guérira tant que ses éléments constitutifs seront dans des proportions déterminées et constantes.

Non, il ne guérira pas ou déterminera des perturbations, si ces éléments varient et se trouvent en trop minime ou trop grande quantité, car :

En vertu de quel principe agit le coaltar?

En vertu *des huiles essentielles* que contiennent les goudrons de houille qui, comme presque *toutes les huiles essentielles*, ont plus ou moins *la propriété d'arrêter la décomposition des substances animales* soit en *ozonizant* l'air (suivant M. Schœnbein), soit de toute autre manière, et non assurément en vertu seulement du charbon et des résines du goudron qui ne servent que de récipient aux huiles.

Quelle est, parmi les huiles essentielles de la houille, *celle* ou *celles* qui ont le plus de vertu conservatrice et antiputride?

Suivant *M. Calvert* (et il présente à cet égard de judicieuses observations), ce serait à *l'acide phénique* qu'il faudrait l'attribuer.

Suivant moi (et je me trouve ici d'accord en partie avec M. Calvert), ce serait à *toutes les huiles essentielles saponifiables* (parmi lesquelles se trouve l'acide phénique) qui se trouvent dans les huiles essentielles diverses.

Or :

En supposant d'abord que ce soit en vertu de l'acide phénique, ou des huiles essentielles saponifiables, que la décomposition des substances animales soit arrêtée ou modifiée, il ressort des documents exacts donnés par M. Calvert sur la nature diverse des houilles, que toutes les houilles sont loin d'être composées des mêmes éléments, et qu'alors que les unes donneront à l'analyse 14 0/0 d'acide phénique, certaines autres en fourniront beaucoup moins et d'autres enfin n'en contiendront pas *du tout*.

*La même différence* existera également alors pour les huiles essentielles saponifiables qui accompagnent toujours l'acide phénique et qui pourront également être absentes.

En supposant au contraire que l'acide phénique et les huiles essentielles saponifiables ne soient pas le principe actif de la suspension ou de la modification de la putréfaction, et que ce soit au contraire les huiles insaponifiables qui en soient les agents principaux, la formule du topique de MM. Corne et Demeaux en sera-t-elle plus rationnelle?

Non, car il est facile de démontrer que ces huiles insaponifiables peuvent subir et subissent à leur tour des modifications profondes, et que la poudre de MM. Corne et Demeaux, après avoir guéri merveilleusement pendant quelque temps, pourrait aussi finir ensuite par ne plus guérir du tout.

L'eau de goudron, on le sait, a eu également d'abord un succès d'enthousiasme immense, puisqu'elle avait la réputation de guérir même les jambes cassées (il est vrai qu'elles étaient de bois), puis ensuite on n'en a plus parlé.

A-t-elle succombé sous les attaques du sarcasme ou a-t-elle rendu les derniers soupirs à l'hôpital sous les étreintes d'une maladie héréditaire incurable, qui serait commune à tous les goudrons ?

Mon opinion est pour la dernière hypothèse ; en voici la raison :

Tous les goudrons de même provenance et de même nature sont loin d'être constamment identiques et varient sans cesse de richesse et de composition, suivant la nature d'abord des houilles ou des bois, et ensuite suivant le mode et le degré de chaleur employés dans les distillations pour en extraire les produits primitifs. Un exemple, basé sur des faits que l'on pourra vérifier dans les usines du Gaz parisien, sise à la gare d'Ivry et à la Villette, le fera mieux comprendre.

1,800 kilog. de goudron de houille de Paris donnent à la distillation 80 *kilog. seulement* d'huiles légères de houille, tandis que 1,800 kilog. de goudron provenant de la barrière Fontainebleau en rendent 100 kilog., et que 1,800 kil. de goudron venant de Chartres en produisent au contraire 150 à 160 kilog.

Comme on le voit, la différence est grande ; d'où provient-elle ?

Elle provient soit des appareils distillatoires mieux appropriés, soit de l'intelligence plus grande ou du feu plus continu ou plus intense employé dans les usines à gaz pour en expulser ou transformer les éléments de la houille en gaz par la distillation, circonstances qui font que : alors que Paris produit 100 de gaz avec une quantité donnée de houille, Fontainebleau n'en obtient que 80, et Chartres 50 ; aussi les huiles contenues dans la houille de Chartres, ayant été moins décomposées par la chaleur que celles de la houille de Paris, il s'en est suivi que les goudrons produits alors par la houille de Chartres sont restés beaucoup plus riches en huiles de houille que ceux de Paris.

Les progrès qui s'accomplissent tous les jours dans l'industrie, qui assurément ne retournera pas en arrière, ne pourront donc que rendre de jour en jour les goudrons de houille de moins en moins propres à obtenir des résultats constants.

Les goudrons de bois, qui sont aussi un des produits résidus de la distillation du bois, éprouvent les mêmes variations, et c'est probablement à cause de ces effets variés produits par l'eau du goudron, qu'ensuite on aura renoncé à son emploi comme donnant des résultats trop incertains et quelquefois contraires.

MM. Corne et Demeaux, en venant ordonner de prendre une quantité déterminée de goudron de houille et de plâtre, ont donc prescrit des quantités *incertaines* qui pourront, par exemple, produire des effets salutaires quand les goudrons seront maigres, ou déterminer de graves inflammations lorsque ces goudrons seront riches en huiles, et *vice versâ*.

Je n'ai même besoin, pour appuyer mes allégations, que d'invoquer la lettre qu'ont publiée MM. Corne et Demeaux dans le *Moniteur des Sciences* du 1er septembre, et qu'ils viennent de renouveler dans la *Gazette des Hôpitaux* du 6 septembre, lettre par laquelle ils préviennent le public que de *mauvaises poudres de coaltar* sont fabriquées et vendues par diverses personnes, et qu'ils ne répondent que de celles préparées par M. Menier, qu'ils ont chargé du soin de sa fabrication.

Il ne faut donc pas s'étonner si tous les chimistes et beaucoup de personnes sérieuses telles que *MM. Velpeau, Robinet, Renault*, etc., ont cherché à résister à l'engouement général pour la nouvelle découverte et désirent, avant de donner leur approbation, que la vraie lumière soit faite à son sujet.

Quant aux propriétés désinfectantes générales que posséderait la poudre de MM. Corne et Demeaux, je n'ajouterai rien à ce qu'à dit *M. Maxime Paullet* dans un travail remarquable qu'il a fait paraître dans le journal scientifique *l'Ami des Sciences*, en date du 21 août 1859, dissertation par laquelle M. Paullet démontre clairement que le plâtre, loin d'opérer la désinfection des matières putrides, la provoque au contraire bientôt par le développement d'hydrogène sulfuré qu'il engendre, s'il n'est additionné en quantité suffisante pour dessécher de suite les substances; mais qu'alors il faut le mettre en telle abondance qu'il double les volumes et rend presque inerte un engrais énergique en produisant un encombrement tel que son emploi devient illusoire en pratique.

Il démontre en outre qu'avant M. Corne, *M. Siret* s'était déjà fait breveter en 1840 pour une préparation désinfectante, composée de 150 parties de plâtre, de 5 de coaltar, auxquelles il ajoutait divers sels métalliques efficaces qui manquent dans la préparation de M. Corne; que M. Bayard, en 1848, avait également fait breveter un mélange de plâtre et de coaltar dans le but d'arriver à la désinfection des matières fécales, etc., etc.; que tous ces mélanges ont été reconnus impropres par la pratique et depuis abandonnés.

Cette variabilité dans la composition et la richesse en huiles essentielles des goudrons reconnue, examinons (en laissant de coté la nature incertaine de la poudre de MM. Corne et Demeaux, et en admettant une composition constante des coaltars), la valeur réelle de la nouvelle invention au point de vue thérapeutique.

Plusieurs antériorités ont été produites contre MM. Corne et Demeaux : celle de M. Siret, etc., etc.; plusieurs substances depuis longtemps connues (les tannins, les sels de plomb, la créosote, etc.) ont en outre été citées comme pouvant produire des effets analogues à ceux de la poudre du coaltar, qui n'aurait ainsi sur les substances précitées aucune supériorité.

En conséquence des opinions diverses émises, faut-il attribuer au nouveau topique de MM. Corne et Demeaux un mérite *nouveau* et une valeur *réelle* ?

Oui, selon moi, car :

C'est bien moins en vertu uniquement de ses principes constitutifs que la poudre de M. Corne et Demeaux cicatrise et guérit les plaies, qu'*en vertu de la division* très-grande des huiles essentielles, *au moyen d'un corps inerte*, que ces résultats sont obtenus, l'effet produit étant alors analogue à celui des sels métalliques vénéneux qui tuent ou guérissent suivant la dose administrée.

Qu'est-ce en effet que le goudron de houille ?

C'est l'amalgame, produit par la distillation de la houille destinée à la fabrication du gaz d'éclairage, d'*un grand nombre d'huiles essentielles diverses* avec du charbon et des substances résineuses, affectant un état plus ou moins solide suivant les températures.

Or, parmi ces huiles, *un cinquième* environ d'entre elles sont des *huiles essentielles saponifiables, très-corrosives et vénéneuses*, et les autres, des carbures d'hydrogène qui, quoique insaponifiables, agissent néanmoins avec énergie sur les tissus organiques.

En employant donc, soit les huiles seules ou additionnées de sels métalliques, soit la créosote, le goudron pur, ou les huiles de bois, etc., on n'ob-

tiendrait assurément pas les résultats produits par la *division* du goudron
de houille, au moyen du plâtre, proposé par MM. Corne et Demeaux, attendu
que ces huiles corrosives et ces sels métalliques, souvent acides, se trouvant
alors en contact immédiat avec les plaies, les désinfecteraient bien, à la
la vérité, mais *corroderaient ensuite ou produiraient de graves inflammations.*
(Des huiles saponifiables qui m'étaient tombées sur le pied sans que je les
sentisse d'abord, me l'ont promptement enflammé et *tellement cautérisé* que
j'ai été obligé de garder le lit *pendant huit jours.*)

Quant aux substances tannantes qui peuvent aussi prévenir la putréfaction, elles n'agiraient assurément pas sur les plaies avec la même efficacité que le goudron divisé, attendu que les huiles que renferme le goudron doivent non-seulement agir en vertu de l'ozone que M. Dumas, d'après
Schœnbein, pense peut-être avec raison, qu'elles produisent, mais encore en
vertu de la propriété qu'elles possèdent, de *tanner* également les substances
animales : action qu'elles produisent, non comme l'acide tannique, en formant avec la gélatine un corps insoluble, mais en resserrant les pores des
tissus qu'elles rapprochent et *soudent* presque ensemble (1); c'est pourquoi
l'emploi, soit de la poudre de M. Corne ou de toute autre préparation dans
lesquelles entreraient des huiles essentielles, pour arrêter les effets produits
par une brûlure, ne ferait qu'augmenter la *douleur et l'inflammation.*

Les propriétés *de la division* du goudron de houille au moyen du plâtre,
reconnues et admises *sans antériorité* d'applications médicales jusqu'ici oppo-
sable à MM. Corne et Demeaux, examinons actuellement la nature de mes
prétentions et la valeur de l'antériorité que je réclame.

Toutes les preuves que j'ai à donner reposant sur des *pièces authentiques,*
il sera facile d'en vérifier l'exactitude et de juger de leur mérite.

*Le 17 mars* 1856, je découvris que toutes les huiles de houille contenaient
deux espèces générales d'huiles : les unes *acides et saponifiables,* et les autres
*insaponifiables.*

Je reconnus que toutes les huiles saponifiables (que l'on pouvait extraire
*immédiatement* des huiles essentielles au moyen des alcalis caustiques et *sans
distillation préalable,* ainsi que le recommandaient auparavant tous les savants) pouvaient, *bien que de natures diverses,* se transformer sous l'influence
de l'acide nitrique, en matière colorante jaune, analogue à celle de l'acide
picrique. Je vins en conséquence me faire breveter pour : une nouvelle
fabrication commerciale d'acide picrique au moyen de *toutes les huiles solubles
dans les alcalis caustiques, substituées* soit à l'emploi des huiles de houille,
passant à la distillation entre 150 et 200 degrés, soit à celui de *l'acide phénique pur,* indiqué auparavant par Runge et Laurent, et recommandés depuis
par tous les savants (2).

Plus tard, frappé des propriétés *tannantes et conservatrices* que possédaient les *sels acalins* formés par les huiles saponifiables, je repris à la
date du :

15 *juillet* 1857, un nouveau brevet d'invention, que je perfectionnai encore le 14 *juillet* 1858, ayant pour objet :

1º La *conservation, l'imperméabilisation* (tannage des cuirs) de toutes les
substances animales inertes.

---

(1) NOTA. — Que l'on mette des chairs ou du cuir dans les huiles de houille ou
dans du phénate de soude, les premières deviendront très-dures après leur exposition à
l'air, et le second deviendra presque aussi cassant que le bois.

Je n'ai trouvé cette propriété des phénates (je connaissais celle des huiles, qui est
moins active) que parce qu'à chaque fabrication nouvelle de produits, mes mains deve-
naient aussi dures que du cuir.

(2) Un kilogramme d'acide phénique, obtenu d'après les prescriptions de Laurent,
revient à plus de 50 fr. le kil., tandis que les huiles saponifiables (qui, selon moi,
jouissent des mêmes propriétés antiputrides que l'acide phénique, et qui produisent
presque autant de matières colorantes que l'acide phénique) ne reviennent qu'à 50 cent.,
quand elles ne reviennent pas à rien ou ne rapportent même pas un bénéfice.

L'immense différence qu'il y a entre mon procédé et ceux de Runge ou de Laurent
provient de ce que ces savants n'extrayaient l'acide phénique que des seules huiles

2º La *destruction* des substances animales vivantes et la *préservation de futurs insectes*.

Après avoir indiqué que la base fondamentale des susdits brevets consiste : 1º dans la *séparation instantanée des huiles saponifiables* d'avec les huiles insaponifiables, contenues dans la masse générale des huiles essentielles; 2º dans les *applications raisonnées* des différentes huiles séparées, soit à leur état naturel, soit à celui de transformation; 3º dans la *rectification des huiles essentielles minérales et végétales*, obtenue au moyen des alcalis caustiques;

J'ajoutais :

Qu'on ne devrait pas s'étonner si j'indiquais dans mes brevets quelques applications des huiles essentielles qui avaient été déjà signalées et *ne paraitraient point nouvelles* sans cette division par moi faîte des huiles essentielles en huiles saponifiables *vénéneuses* et *corrosives* et en huiles insaponifiables ou *neutres*.

Après avoir fait connaître que *toutes* les huiles saponifiables et neutres sont *solubles en partie dans l'eau* (environ un centième) à laquelle *elles communiquent alors leur vertu conservatrice ou destructive*,

*J'appelais l'attention* DE LA MÉDECINE sur les propriétés remarquables DES SELS formés par les huiles saponifiables, sels dont jusque-là *personne ne s'était encore occupé au point de vue de leurs propriétés thérapeutiques*, et

Je signalais l'aptitude des huiles saponifiables pour L'ABSORPTION DES ODEURS PUTRIDES et la DESTRUCTION DES MIASMES.

J'indiquais alors quatre procédés différents pour obtenir tous les résultats que j'indiquais, savoir :

1º Celui de l'immersion;

2º Celui de la fumigation et de l'évaporation spontanée;

3º Celui de la *dissolution aqueuse des huiles essentielles* (*un pour cent d'huile* sur cent parties d'eau);

4º CELUI DE LA DIVISION DES HUILES AU MOYEN DES CORPS INERTES, tels que sable, terre, sciure de bois, craie, fécule, etc., etc., qui ne devront, ajoutais-je, n'être imprégnés d'huiles essentielles que de manière toutefois à ce que ces corps inertes ne soient ni pâteux, *ni trop imbibés*, et qu'on ait le soin de *renouveler souvent* les huiles ainsi divisées, afin *d'enlever l'humidité que ces corps inertes absorbent*.

Les applications des huiles essentielles indiquées par moi étaient : outre la conservation des substances animales inertes, ou la destruction des substances animales vivantes, celle de pouvoir *assainir* (au moyen de *dissolutions aqueuses* des huiles essentielles) tous les locaux où il y a agglomération de personnes : *hôpitaux, casernes, écoles*, etc.), celle encore d'être propre aux *embaumements* des corps, à la préservation *de futures émanations putrides*, et celle également de pouvoir servir *en mille circonstances en médecine* pour remplacer les dissolutions *d'acétate de plomb*, de *tannin* ou *d'alun*, etc.; celle ensuite de pouvoir servir au CHAULAGE des graines en remplacement du sulfate de cuivre ou de la chaux jusqu'ici employés.

En outre encore :

Je faisais appel *à la bienveillance des médecins* pour essayer l'application des PHÉNATES ALCALINS substitués au nitrate d'argent pour la guérison de

ayant distillé entre 150 et 200 degrés, huiles qui sont LES PLUS LÉGÈRES des huiles de houille, puisqu'elles ne pèsent que 0,925 (l'eau étant prise pour unité), et ne forment que la trente-sixième partie de la masse générale des huiles produites par une distillation, tandis que je m'empare, au contraire, de tout l'acide phénique contenu d'abord dans cette partie, et, en outre, de celui qui se trouve encore dans les trente-cinq autres parties rejetées par Laurent, et qui se trouve en plus grande abondance dans ces huiles rejetées que dans les huiles choisies par les savants.

Qu'en outre, je recueille également toutes les autres huiles acides (elles sont beaucoup plus abondantes que l'acide phénique) contenues dans les huiles de houille, en sorte que là où Runge et Laurent n'obtenaient qu'un, j'obtiens 16 ou 20, et que j'améliore ensuite les huiles en les allégeant par la séparation de toutes ces huiles acides qui sont toujours les plus lourdes, tandis que Runge et Laurent les rendent plus pesantes en ne se servant que des huiles les plus légères pour la production de leur acide.

*l'ulcère si dangereux*, et presque toujours mortel, qui décime si cruellement les femmes.

Bien que toutes ces applications paraissent très-diverses, on reconnaîtra facilement que le but et les résultats obtenus ne sont autres que ceux de la *destruction* des substances animales vivantes ou la *conservation* des substances animales inertes.

Passant enfin à la transformation des huiles acides naturelles en acides dérivés par substitution :

Je signalais la propriété remarquable que possède L'ACIDE PICRIQUE ALUNÉ *de précipiter la gélatine*, comme l'acide tannique, et de pouvoir en conséquence lui être substitué pour le *tannage des cuirs;* résultat qui serait d'un avantage *immense* pour les pays dépourvus de chênes. (Cet acide picrique *aluné* pourrait en outre, suivant moi, être substitué encore au *perchlorure de fer*, employé comme agent hémostatique, à cause de la vertu bien plus énergique qu'il possède de *coaguler l'albumine*.)

Tels sont, en très-court résumé, mes travaux antérieurs et les applications des huiles tant de *houille* que de *bois*, de *tourbe* et de *schistes,* proposées par moi et que *j'ai fait breveter également en Angleterre en* 1857.

Comme on le voit, il n'y a jusqu'ici, entre le procédé de MM. Corne et Demeaux et les miens, *qu'une seule différence:* c'est que MM. Corne et Demeaux *divisent* le GOUDRON DE HOUILLE au moyen *d'un corps inerte* : le plâtre; tandis que moi, *je divise* LES HUILES ESSENTIELLES qui proviennent soit des divers goudrons, soit du bois, de la tourbe ou des schistes, au moyen également de *corps inertes* ou que je leur substitue les dissolutions des *sels alcalins* formés par les HUILES SAPONIFIABLES, *que je trouve préférables* en mille circonstances soit à la poudre du coaltar ou à mes huiles divisées.

Qu'on essaye donc mes procédés concurremment avec ceux de MM. Corne et Demeaux, car, à résultat égal, les miens seront bien préférables, puisqu'ils seront *toujours identiques*, et le procédé de MM. Corne et Demeaux ne devra être considéré que comme une *copie imparfaite* de ceux que j'ai fait breveter ; procédés que M. Corne (qui ne s'est fait breveter que le 9 *novembre* 1858) a pu consulter tout à son aise pour modifier, *comme il l'a fait*, son invention et l'approprier à la médecine (1).

Dans le cas, au contraire, où les huiles essentielles, *divisées au moyen de corps inertes*, auraient une infériorité incontestable, l'invention du coaltar sera bien alors *la découverte exclusive* (en tant qu'appliquée à la médecine) de MM. Corne et Demeaux, que personne n'aura le droit de leur revendiquer.

MM. Corne et Demeaux ont-ils au moins, sur moi, l'antériorité de l'application des produits de la houille pour la *guérison des plaies et blessures*?

Je ne le pense pas; car depuis deux ans je ne cesse de prôner, à qui veut m'entendre, toutes les vertus *conservatrices* et *curatives* de mes huiles, que j'ai essayées sur moi. Depuis deux ans, je distribue mes brevets imprimés à tous ceux qui veulent bien me faire l'honneur de les accepter, et :

*Le 28 mai dernier*, j'ai sollicité de M. le Ministre de la guerre qu'il voulût bien nommer *une commission* pour juger et lui faire un rapport sur les vertus *hémostatiques* et curatives des *blessures vives* que possédaient *mes phénates de soude*, etc., etc. Malheureusement pour moi, M. le Ministre m'a fait savoir (par une lettre en date du 9 *juin dernier*) qu'il ne pouvait accueillir ma demande. (MM. Corne et Demeaux ont pu faire des expériences tout à leur aise, et je les en félicite.)

Je ne me suis point rebuté.

(1) NOTA. — Voici quel est le brevet pris le 9 novembre 1858, par M. Corne :
On prend du plâtre et du carbonate de chaux qu'on chauffe à 200°, de manière à les rendre *anydres* (*sic*); on y ajoute ensuite de l'oxyde de fer et du coaltar, puis du sel marin.

Telle est la substance de son brevet. — Que l'on mette une semblable poudre sur des blessures, et on verra si elles guériront. Ce n'est donc que depuis que M. Corne a retiré la chaux produite par son carbonate de chaux chauffé à 200° son oxyde de fer et son sel, que sa poudre est efficace, et je continue à faire observer que rien n'a empêché M. Corne de pouvoir apprendre mes brevets par cœur.

J'ai donné alors une petite caisse de mes produits à *M. Delamarre*, qui devait envoyer un de ses rédacteurs en Italie, afin qu'il la remît à qui de droit, enthousiasmé qu'il était qu'on pût arriver efficacement (comme je lui affirmais) à pouvoir soulager et guérir promptement nos pauvres blessés. (Si le rédacteur de la *Patrie* n'est point parti en Italie, *M. Delamarre* doit avoir encore cette caisse entre les mains.)

A la date *du 8 juillet*, j'adressai, en outre, une autre caisse à *M. le baron Larrey*. J'ai encore mon bulletin d'envoi).

*En juin dernier*, j'ai encore remis moi-même à *M. Boulley*, *professeur à l'École vétérinaire d'Alfort* (qui m'a prié de les remettre au pharmacien en chef de l'École) un demi-kilo d'acide phénique et autant de phénate de soude concentré, ainsi que la copie imprimée de mes brevets.

*En avril 1858*, j'ai remis à *M. Gaultier de Claubry*, professeur de chimie à *l'École de pharmacie de Paris*, deux kilos de *phénate de soude*. Ce savant professeur a été tellement satisfait des résultats qu'il obtenait, qu'il m'en a redemandé une tourie de 60 kilos (que j'ai portée à son laboratoire, rue de l'Arbalète, près le Jardin des Plantes) pour continuer des expériences, en me promettant d'adresser ensuite un mémoire à l'Académie lorsqu'elles seraient terminées, et que ses occupations le lui permettraient.

Depuis plus d'une année encore, j'ai donné connaissance de tous mes travaux, ainsi que mes brevets imprimés, à *M. Jacquelain*, qui a déposé un rapport des plus favorables ; à *M. Cahours*, qui m'a fait l'honneur de m'adresser *deux lettres* flatteuses d'approbation de mes travaux ; à *M. Dumas*, qui a bien voulu me recevoir en août 1858, dans son laboratoire de la Sorbonne, pour lui faire part des résultats obtenus par moi.

CONCLUSION.

1º La poudre du coaltar n'étant point une composition d'éléments *définis* et *constants* ne donnera toujours que des résultats incertains et imprévus.

2º *Les phénates alcalins dilués*, et même jusqu'à 6 ou 10 degrés de concentration (plus concentrés ils se décomposent sous l'influence de l'eau en reconstituant un, ou des acides), *doivent fixer sérieusement l'attention de la médecine* et *être préférés à tout autre topique* à cause de leur emploi facile, prompt et peu coûteux.

Tels sont, Monsieur le Rapporteur, les documents que j'ai l'honneur de vous communiquer, et que j'appuie, en vous les transmettant, de la copie imprimée de mes brevets, et en particulier du *brevet d'addition synthétique* pris par moi, le 14 juillet 1858.

Recevez, Monsieur le Rapporteur, l'assurance de mes sentiments respectueux.

Paris, le 9 septembre 1859.

BOBŒUF.<br>81, faubourg Saint-Denis.

———◦◇◦———

**Numéro 3.**

COPIE DU MÉMOIRE PRÉSENTÉ A L'ACADÉMIE DES SCIENCES, LE 15 DÉCEMBRE 1859, PAR M. BOBŒUF, ET DONT COMMUNICATION A ÉTÉ DONNÉE DANS LA SÉANCE DU 19 DÉCEMBRE MÊME ANNÉE.

*Mémoire sur l'acide phénique et les huiles saponifiables des huiles de houille, tourbe, schiste, etc., leurs dérivés par substitution et leurs applications, notamment à l'*EMBAUMEMENT *des corps, au* TANNAGE *des cuirs, à la* DÉSINFECTION *et à la* FABRICATION DE L'ACIDE PICRIQUE.

Les discussions animées qui viennent d'avoir lieu à l'Académie des Sciences et de Médecine sur les effets curatifs, antiputrides et désinfectants du *goudron de* HOUILLE *divisé au moyen d'un corps inerte* (le plâtre), attribués, d'après les auteurs de la poudre du coaltar, aux proportions particulières de leur composition, et, suivant les savants, à la présence principalement de *l'acide phénique* contenu dans le goudron de houille;

Les nombreuses et utiles applications qui peuvent être faites (et que j'ai déjà signalées, depuis deux ans, dans un brevet pris le 15 juillet 1857), soit de l'acide phénique ou de ses analogues, à l'état d'acides naturels ou dérivés par substitution, soit à l'état de *sels* alcalins, pour la conservation des substances animales inertes (EMBAUMEMENT DES CORPS) ou par la *destruction* des substances animales vivantes (*absorption des odeurs, destruction des miasmes, préservation de futurs insectes, assainissement,* etc.), et surtout pour la *désinfection permanente* des matières fécales, au moyen des phénates de fer ou de chaux, me font espérer que l'Académie voudra bien accueillir avec bienveillance le résultat des observations et des travaux que je fais *depuis huit ans* sur les huiles essentielles, végétales et minérales en général, et en particulier sur l'huile de houille; travaux qui ont eu pour but et pour résultat la production rapide et économique de l'acide *phénique* ou de ses analogues.

Avant d'indiquer les procédés employés par moi pour obtenir économiquement l'acide phénique, examinons auparavant sa nature et les moyens indiqués jusqu'ici par la science pour pouvoir l'obtenir.

ACIDE PHÉNIQUE.

L'acide phénique, découvert par Runge et décrit sous le nom d'acide *carbolique,* a été ensuite étudié de nouveau par *Laurent,* qui, à celui de carbolique (désignation trop facile à confondre avec celle de *carbonique*), lui substitua celui de PHÉNIQUE (de *phainô, j'éclaire,* parce que cet acide se rencontre en quantité considérable dans l'huile provenant du goudron du gaz d'éclairage).

L'acide phénique, à l'état du pureté, est un corps incolore, cristallin, que l'on obtient de différentes substances (de l'acide salicilique, du benjoin, de l'huile de gaulteria procumbens, etc., etc.); il a pour formule : $C^{12} H^6 O^2$; sa densité est de 1,065.

Pour obtenir cet acide à l'état de pureté, voici, d'après Gerhardt (vol. 3, page 16), quels étaient les procédés indiqués et suivis par Laurent :

1° On fractionne les huiles provenant de la distillation du goudron de houille, et on recueille à part les portions qui bouillent *entre* 150 *ot* 200°. (Cette portion des huiles de houille est *celle qui contient le moins d'acide phénique,* ainsi que je le démontrerai.)

2° On y verse ensuite une solution de potasse caustique *saturée à chaud.* (En opérant ainsi, on dépense *quatre fois* plus de potasse qu'il ne faut.)

3° Ainsi que de la potasse en poudre. (Cette prescription serait impraticable en grand.)

Aussitôt l'huile se prend en une masse cristalline.

4° On en décante les parties liquides.

5° On dissout dans l'eau la partie solide.

Il se produit ainsi deux couches, l'une légère et huileuse, l'autre plus pesante et aqueuse.

6° On sépare celle-ci.

7° On la neutralise par l'acide chlorhydrique.

Une nouvelle huile est alors mise en liberté.

8° On s'empare de celle-ci, et on la met en digestion sur du chlorure de calcium.

9° On la soumet à la distillation.

10° On la refroidit lentement, de manière à la consolider en partie et à obtenir de gros cristaux. (Il faut, pour obtenir ce résultat, avoir des étuves chauffées à une température determinée, ce qui nécessite des frais et des capitaux.)

11° On conserve ceux-ci à l'abri du contact de l'air.

En employant ce procédé, on obtient, il est vrai, un produit parfaitement pur, mais dont le prix de revient (plus de 50 fr. le kil.) est trop élevé pour que l'industrie ait jamais pu en faire usage, soit pour la production de la matière colorante jaune, connue sous le nom d'*acide picrique*, soit pour toute autre application.

*Frappé des immenses qualités que possédaient l'acide phénique et ses dérivés,* ainsi que des nombreuses applications dont il est susceptible, je cherchai et trouvai un mode beaucoup plus rapide et plus économique de production de cet acide, et au procédé scientifique, je substituai celui-ci :

1° *Au lieu de n'employer que les huiles passant entre* 150 *et* 200° (huiles qui ne forment que la trente-sixième partie des huiles de houille brutes), prendre *toutes les huiles brutes* de houille, ou une portion quelconque desdites huiles brutes;

2° Les bien agiter pendant un quart d'heure, soit à froid, soit à une douce chaleur (80 à 90°), avec une dissolution concentrée (36° Beaumé) de potasse ou de *soude caustique* (1);

Alors *tout l'acide phénique* contenu dans *toute la masse des huiles de houille* (et non pas *seulement celui des huiles passant entre* 150 *et* 200°, qui ne forment que la trente-sixième partie des huiles produites par une distillation), ainsi que *toutes les autres huiles saponifiables de diverses natures*, et qui toutes sont analogues à l'acide phénique, se combineront à la potasse ou à la soude caustique et formeront une couche inférieure séparée de l'huile non combinée;

3° Laisser reposer et séparer ensuite la dissolution alcaline que toutes ces huiles ont formée;

4° La décomposer au moyen de l'acide *sulfurique* ou hydrochlorique. (Ce dernier acide présente de graves inconvénients à employer en grand à cause du gaz acide hydrochlorique qu'il répand en abondance; c'est pourquoi je lui ai substitué l'acide sulfurique);

5° Recueillir les huiles qui surnagent alors et qui sont la réunion tant de l'acide phénique que de *tous les autres acides solubles* comme lui dans les alcalis caustiques, acides de densités diverses de celui de l'acide phénique et qui ont tous les qualités *conservatrices, antiputrides, colorantes* et *désinfectantes* de l'acide phénique pur, mais que l'on peut séparer au besoin par la distillation et fractionner suivant leur densité particulière.

Comme toutes les huiles de houille solubles dans les alcalis caustiques, et qui ne sont pas l'acide phénique, jouissent de propriétés analogues à celles de l'acide phénique *qui se trouve parmi elles*, que leur transformation en acides dérivés par substitution est la même, et que ces acides forment égale-

---

(1) L'alcali caustique, dont je conseillerai l'emploi de préférence, sera la *soude caustique*, comme étant le produit revenant le meilleur marché, que l'on mettra dans la proportion d'un tiers, d'un quart ou d'un cinquième du poids des huiles essentielles à traiter. En traitant une partie d'huile essentielle par son poids de soude caustique à 36°, et agitant le tout dans une éprouvette graduée, on se rendra compte aussitôt de la quantité d'acide phénique et d'huiles saponifiables, etc., qu'elle contient, par la quantité des degrés de l'huile manquant ensuite, par suite de la quantité d'alcali caustique nécessaire pour neutraliser tout l'acide phénique et les huiles saponifiables que ces huiles contiennent.

La potasse caustique à la chaux coûte 3 fr. le kil. et ne produit que 2 kil. de dissolution alcaline à 36°, tandis que la soude à 36° ne coûte que 40 cent. le kil. — Economie pour la soude, non indiquée par Laurent : 2 fr. 20 c. par kil.

On pourrait également se servir de chaux caustique hydratée et diluée; mais, bien que le prix commercial de cette substance paraisse moindre que celui de la soude et de la potasse, on s'apercevra bien vite que les produits obtenus par son intermédiaire sont moins purs, à cause des huiles non saponifiables qu'elle entraîne avec elle et de l'obligation où l'on serait de chauffer fortement ensuite pour obtenir une combinaison parfaite, chaleur qui volatiliserait une grande partie des huiles essentielles légères, qui ont souvent une grande valeur. On ne devra donc se servir de cet alcali qu'autant qu'on ne tiendrait pas à obtenir des produits très-purs, et que la perte des huiles plus légères serait sans valeur ou qu'il importerait peu de les perdre.

ment des sels définis, j'appellerai donc conventionnellement et par abréviation la réunion desdites huiles : *acide phénique commercial;* leurs sels : *phénates*, jusqu'à ce que la science les ait compris dans une nomenclature régulière.

Tel est le procédé que j'ai substitué à celui de la science, et qui, tout simple qu'il paraît, a nécessité de longs travaux qui ont eu pour résultat d'obtenir commercialement pour 0 fr. 50 c., ce qui, par les procédés de la science, aurait coûté 50 fr. le kil.

Par les procédés de Laurent, en effet, on ne peut obtenir que l'acide phénique que contiennent les *seules huiles* passant entre 150 et 200° (huiles qui ne forment que la trente-sixième partie des huiles de houille), tandis que par ce procédé on obtient aussitôt tout l'acide phénique que toutes ces huilerenferment et qu'on débarrasse ensuite ces huiles des autres huiles saponisfiables *qui les alourdissent* par leur pesanteur.

Pour pouvoir mieux apprécier l'importance des résultats obtenus par l'emploi de mon procédé, il importe d'examiner les différences qui existent entre les deux modes d'extraction.

Je vais les exposer.

### DIFFÉRENCE ENTRE MON PROCÉDÉ ET LES PROCÉDÉS SCIENTIFIQUES DE RUNGE ET LAURENT.

Les huiles de houille s'obtiennent en distillant les goudrons, qui s'échappent eux-mêmes de la houille pendant qu'on soumet celle-ci à une température élevée pour produire le gaz d'éclairage.

Ces goudrons sont mis dans un alambic ou une grande chaudière fermée, d'une capacité voulue pour distiller 1,800 à 2,000 kilos à la fois.

Ils sont alors chauffés et distillent des huiles *très-diverses*, dont les unes ont un grand emploi et se vendent fort cher (60, 80, 100 et 140 fr. les 100 kilos, suivant leur légèreté), tandis que les autres sont presque sans application et se vendent à vil prix (7 à 8 fr. les 100 kilos).

Les huiles qui ont de la valeur sont les *huiles légères*, c'est-à-dire celles qui sont *plus légères* que l'eau.

Celles qui ne se vendent que 7 et 8 fr. les 100 kilos sont *les huiles lourdes*, c'est-à-dire celles qui sont plus lourdes que l'eau.

*L'eau pure* est le point de comparaison de la densité des liquides, et *le litre est l'unité* qui sert à établir cette comparaison. Un litre d'eau pèse 1,000 grammes.

Si le volume d'un liquide quelconque remplissant un litre pesait 1,050 gr., ce liquide serait donc plus lourd que l'eau de 50 grammes par litre. S'il ne pesait que 900 grammes, il serait plus léger qu'elle de 100 grammes par litre.

Deux mille kilogrammes de goudrons donnent à la distillation trente-six seaux d'huile de houille (chaque seau pesant 20 kilos), soit donc pour 2,000 kilos de goudrons, 720 kilos d'huiles brutes de houille obtenus.

Sur ces trente-six seaux d'huiles recueillis, LES QUATRE OU CINQ PREMIERS SEAUX SEULEMENT sont des huiles légères (soit donc, en admettant cinq seaux de 20 kilos, 100 kilos d'huiles légères sur 720 kilos d'huiles de houille brute), *et les trente et un autres* seaux sont des huiles lourdes.

Ces 100 kilos d'huiles légères redistillées à nouveau ne donnent ensuite qu'environ 50 kilos d'huiles propres aux besoins du commerce : — (éclairage, dissolution du caoutchouc, benzine et nitro-benzine, etc.), et se vendent de 90 à 100 fr. les 100 kilos, alors que les autres 50 kilos restant ne sont plus vendus que 25 à 30 fr. les 100 kilos. (Leur densité est alors de 0,955.)

Voici quelle est la densité ordinaire des huiles, au fur et à mesure de la distillation :

Les huiles du 1er seau, ou 1ers 20 kilos pèsent 0,925

|  | 2e | 2es | — | 0,975 |
|---|---|---|---|---|
| — | 3e | 3es | — | 0,981 |
| — | 4e | 4es | — | 1,000 densité de l'eau. |
| — | 5e | 5es | — | 1,003 |

A partir du 5e jusqu'au 36e seau, les huiles descendent successivement jusqu'à 1,115, *qui est la limite extrême de la densité des huiles de houille* (1).

Ceci expliqué, voyons quelles sont les huiles dont les savants avaient recommandé L'EMPLOI SPÉCIAL, afin de voir si je ne suis que leur écho, ou si mes prescriptions sont autres que les leurs.

Runge, Laurent et tous les autres savants ont *ordonné*, pour obtenir l'acide picrique, soit industriellement, soit scientifiquement : 1o de prendre les *huiles provenant de la distillation du goudron* (soit donc : tous les trente-six seaux d'huiles que produit une grande distillation); 2o *de les distiller de nouveau* et de ne prendre alors QUE LES HUILES PASSANT ENTRE 150 ET 200o DE CHALEUR.

Or, sait-on quelles sont ces huiles qui passent entre 150 et 200o?

Bien loin que ces huiles *soient des huiles lourdes* COMME ON A OSÉ L'AFFIRMER CONTRE MOI, ces huiles sont *au contraire* LES HUILES LES PLUS LÉGÈRES des huiles de houille : celles qui sont les plus chères et qui ne forment que la TRENTE-SIXIÈME PARTIE des huiles de houille brutes.

Voici leur densité :

Les huiles qui passent entre 150 et 160o pèsent 0,870 à 15o ther.
Celles — — 160 et 170 — 0,880
Celles — — 170 et 180 — 0,895
Celles — — 180 et 190 — 0,920
Celles — — 190 et 200 — 0,960

La densité moyenne de ces huiles mélangées ensemble est alors de 0,925, c'est-à-dire aussi légères dans leur ensemble que le *premier seau d'huiles légères* obtenues de la distillation des 2,000 kilos de goudron.

Ce sont donc les huiles LES PLUS LÉGÈRES que Runge et Laurent ordonnent de prendre pour obtenir *l'acide phénique*, et la TRENTE-SIXIÈME PARTIE seulement des huiles de houille, tandis que j'ordonne, au contraire, de prendre TOUTE LA MASSE DES HUILES DE HOUILLE, et *de les traiter de suite* par la *potasse* ou la *soude* caustique, affirmant qu'en agissant ainsi on obtiendra immédiatement et sans *distillation*, non-seulement TOUT L'ACIDE PHÉNIQUE qu'elles renferment (et non pas seulement l'acide phénique de la trente-sixième partie seulement des huiles de houille), mais en outre *toutes les autres huiles acides saponifiables* qui sont contenues dans ces huiles de houille, et *qui sont aussi des huiles acides*, qui, comme l'acide phénique, se transforment également, au contact de l'acide nitrique, en acides dérivés par substitution et forment également des matières tinctoriales.

Comme on le voit, mon procédé consiste donc à s'emparer d'abord *instantanément de tout l'acide phénique* qui est contenu dans *toutes les huiles de houille*, au lieu de n'en débarrasser que la *trente-sixième partie*, et à s'emparer ensuite également *de toutes les autres huiles acides saponifiables* (analogues ou homologues à l'acide phénique), et de les transformer également en matière colorante jaune, et ce, *sans aucune de toutes les distillations* ordonnées par la science, distillations qui exposent *à de graves dangers d'incendie*, exigent un matériel fort cher et absorbent un temps immense. (Depuis deux ans *quatre* violents incendies ont eu lieu en distillant les huiles de houille; six hommes ont été brûlés grièvement et quatre en sont morts.)

La suppression de ces distillations est *tellement importante*, qu'elle permet de pouvoir produire par ce procédé *dix mille kilos* d'huiles propres à former de l'acide picrique ou autre, avant qu'on ait pu obtenir *cent kilos* d'acide phénique pur, et que ces *dix mille kilos* coûteront *moins cher* que les *cent kilos* d'acide phénique pur.

La raison est bien simple, on va la comprendre.

L'acide phénique, *loin d'être une huile légère*, est au contraire *une huile très-lourde*, qui pèse 1,065, c'est-à-dire qui est de 65 grammes par litre plus lourde que l'eau.

---

(1) Cette densité est une densité factice produite par une abondante dissolution de naphtaline et autres substances.

Et toutes les autres huiles saponifiables sont à peu près dans le même cas. Elles pèsent :

L'une. . . . . . . . . . .  1,040
Une autre . . . . . . . . .  1,056 etc., etc.

Toutes ces huiles acides, comme on le voit, ne sont pas l'acide phénique de Runge et Laurent, qui pèse 1,065.

Si donc on vient s'emparer de l'acide phénique d'abord et de toutes les autres huiles acides saponifiables que peut renfermer une masse générale *d'huiles brutes de houille,* ces huiles, débarrassées alors de ces huiles acides *beaucoup plus lourdes qu'elles,* acquerront alors 2 1|2 à 3 degrés de légèreté de plus après l'extraction de ces huiles lourdes et obtiendront une *plus value de* 20 *à* 25 *francs par* 100 *kilos.* Cette plus value viendra donc en défalcation des frais de fabrication au lieu de l'augmenter, comme cela arrive en employant les procédés scientifiques.

En sera-t-il de même avec le procédé Runge et Laurent?

Assurément non : car si Laurent prend comme moi une masse générale d'huiles brutes de houille, au lieu d'en extraire de suite les huiles lourdes propres à former l'acide phénique commercial, il n'en extraira, au contraire, que les huiles passant entre 150 et 200°, *qui sont les huiles les plus légères,* pesant, comme on le sait, 0,925 ; en sorte que les huiles dont il ne veut pas et *qui resteront* ensuite, seront alors BEAUCOUP PLUS LOURDES qu'auparavant, puisque les huiles les plus légères en auront été enlevées. Elles ne pourront donc se revendre alors qu'à *un prix bien inférieur* à celui de leur acquisition, tandis que par mon procédé elles se revendront *beaucoup plus cher.*

On voit que les résultats obtenus par mon procédé sont immenses, au point de vue commercial ; aussi les ai-je crus assez sérieux pour en faire l'objet *d'un brevet* pris par moi *le* 14 *octobre* 1856, brevet *qui a* pour objet : *la rectification des huiles minérales* au moyen des alcalis caustiques.

Ce qui m'a conduit à la découverte de mon procédé, que je ne trouvai qu'après avoir essayé pendant longtemps le procédé de Laurent pour arriver de suite à la fabrication de *l'acide picrique pur,* c'est la petite quantité d'acide phénique que je parvenais à obtenir en opérant suivant ses prescriptions ; et que je trouvai alors IRRATiONNEL de chercher la présence d'un acide d'une densité de 1,065 parmi des huiles dont la densité *n'était que de* 0,925. Je jugeai, en conséquence, qu'en vertu de sa pesanteur, cet acide, qui, par l'effet de sa solubilité dans les huiles légères et l'effet de la chaleur de la distillation, pouvait bien se trouver un peu entraîné avec les huiles légères, *devait se trouver en bien plus grande abondance* parmi les huiles plus lourdes restées dans l'alambic, *et que Laurent rejetait.* En conséquence, je traitai également alors, par la potasse, *les huiles restées dans l'alambic,* et à poids égal, *j'obtins infiniment plus d'acide phénique* des huiles de l'alambic que de celles qui avaient distillé entre 150 et 200°.

Ceci reconnu, je trouvai : que puisque les huiles qui passaient entre 150 et 200°, contenaient de l'acide phénique ; que celles qui restaient dans l'alambic en contenaient davantage, IL ÉTAIT PARFAITEMENT INUTILE DE DISTILLER, qu'il n'y avait donc *qu'à traiter de suite toutes les huiles de houille* ou une portion quelconque desdites huiles, par la potasse caustique (à laquelle ensuite j'ai substitué la *soude* par économie), et qu'ainsi on obtiendrait tout d'abord beaucoup plus d'acide phénique (6 à 8 fois plus), et qu'on réaliserait ensuite une économie considérable.

Cette économie, en effet, est celle-ci :

Les huiles qui bouillent et distillent entre 150 et 200°, ne formant que la *trente-sixième partie* des huiles générales de houille, il faudra donc distiller 36,000 kilogr. d'huiles pour obtenir 1,000 kilogr. de cette huile distillant entre 150 et 200°.

En supposant *un grand alambic* pouvant distiller 500 kilogr. par jour, on emploiera donc 72 jours avec un ouvrier, à 4 fr. 50 par jour, et 5 fr. de charbon, soit 288 fr. d'ouvrier et 360 fr. de charbon : en tout, comme main-d'œuvre et charbon, 648 fr., — plus l'usure de l'alambic, les frais généraux, *et la dépréciation des huiles qui resteront après* 200°!

Par mon procédé, qui consiste, au contraire, A NE PAS DISTILLER et à agiter à froid les huiles de houille avec la soude, pendant un quart d'heure seulement, en opérant sur 500 kilogr. à la fois, je ne mettrai (en leur faisant ajouter 100 kilogr. de soude caustique à 36° dans chaque pièce de 400 kilogr., mais pouvant en contenir 500, et agiter ensuite le tout pendant 10 à 15 minutes) *qu'une journée de deux ouvriers à 4 fr. 50 c.*; ET JE NE DÉPENSERAI QUE NEUF FRANCS, au lieu de SIX CENT QUARANTE-HUIT FRANCS (au minimum), qu'il aurait fallu dépenser par le procédé scientifique !

Comme on le voit, le procédé de Laurent et le mien *ne sont nullement les mêmes* sous le rapport du rendement et de l'économie.

En employant en outre la soude caustique *dans des proportions définies*, au lieu de potasse caustique *saturée à chaud*, et additionnée *encore ensuite* de potasse en poudre sans proportions indiquées, on obtient une immense *économie*.

En effet :

En employant, pour traiter quatre kilogr. d'huiles, 1,000 grammes d'eau saturés à chaud de potasse caustique, il faudra employer plus de 1,500 grammes de potasse caustique qui, à 3 fr. le kil., feront 4 fr. 50 ; tandis qu'en traitant les mêmes 4 kil. par *le quart* de leur poids de soude à 36°, on ne dépensera que 1,000 grammes de soude qui ne coûteront que 0, 40 c. ; soit donc par 4 kil. d'huiles une économie de 4 fr. 10 c.

Que l'on ne pense pas cependant que mon intention soit de chercher à amoindrir le mérite de Runge et de Laurent pour exalter ma découverte.

Runge et Laurent, qui ne poursuivaient qu'un but scientifique et non commercial : celui d'isoler *à l'état de pureté* un corps nouveau qu'ils venaient signaler à la science, opéraient avec une logique égale à la mienne en choisissant, pour obtenir l'acide phénique, les huiles *les plus légères*, au lieu de traiter toutes les huiles brutes ainsi que je le fais, attendu que ces huiles sont celles qui, si elles contiennent en réalité le moins d'acide phénique, sont, en revanche, celles aussi qui contiennent le moins *d'huiles saponifiables à éliminer*, et par conséquent les plus convenables pour donner *plus promptement* l'acide phénique *pur*, quand *le prix de revient* ne vous arrête pas ; tandis que s'ils avaient opéré comme moi sur toutes les huiles brutes, ils auraient été forcés d'éliminer, non-seulement les huiles saponifiables qui ont une densité moindre que celle de l'acide phénique, mais en outre toutes celles dont la densité est supérieure à 1,065, et notamment cette huile saponifiable, épaisse et visqueuse, que j'ai signalée et qui pèse 1,115 : en sorte qu'ils eussent eu beaucoup plus de travaux à faire pour obtenir l'acide phénique pur.

Mon but à moi étant, au contraire, bien moins d'isoler un corps à l'état de pureté, que d'obtenir économiquement la plus grande quantité possible de matière colorante avec une quantité donnée de matière première, j'ai dû, en présence des *frais énormes* qu'entraînent les procédés scientifiques, chercher si les huiles solubles dans la potasse, que Runge et Laurent *rejetaient*, n'étaient pas également propres à produire des matières colorantes tinctoriales analogues à celles de l'acide phénique ; et, après cette constatation faite, de chercher l'existence de toutes ces huiles partout où elles pouvaient se trouver.

Sous ce rapport, j'ai alors été plus loin que Runge et Laurent, qui, n'ayant à constater que l'existence dans les huiles de houille d'une substance nouvelle (l'acide phénique), qui produisait une matière tinctoriale jaune au moyen d'une substitution de trois molécules d'azote à trois molécules d'hydrogène, ont dû en conséquence s'arrêter après leur démonstration faite, tandis que moi, après avoir reconnu que non-seulement l'acide phénique, mais encore toutes les huiles saponifiables autres que l'acide phénique, contenues dans les huiles de houille, pouvaient donner des matières colorantes analogues à celle produite par l'acide phénique, j'ai alors poussé plus loin et voulu examiner si d'autres huiles essentielles ne contiendraient pas également, comme les huiles de houille, des huiles saponifiables susceptibles aussi de se transformer, sous l'influence de l'acide nitrique, en matières tinctoriales, en éprouvant les mêmes substitutions.

Mes recherches ont été couronnées de succès et m'ont permis de constater qu'un grand nombre d'huiles essentielles végétales et minérales, notamment les huiles de tourbe, de bois et de schistes, contiennent toutes des huiles saponifiables qui jouissent des mêmes propriétés que l'acide phénique, et qu'elles peuvent, comme lui, se transformer sans l'influence de l'acide nitrique en matières tinctoriales diverses (jaunes et brunes) d'une grande richesse.

Tel a été le but de mes travaux, qu'assurément je n'ai point la prétention d'assimiler à ceux de Runge ni de Laurent, et dont le seul mérite est d'apporter une grande économie dans la production d'une substance que le commerce commence à rechercher et qui est *appelée à rendre de grands services.*

### EMPLOIS DIVERS DE L'ACIDE PHÉNIQUE ET DE SES ANALOGUES, DE LEURS DÉRIVÉS ET DE LEURS SELS.

Les applications diverses de l'acide phénique, des huiles saponifiables, de leurs dérivés et de leurs sels, ayant été décrites déjà par moi dans des brevets pris les 17 mars, 14 octobre 1856; 15 juillet 1857 et 14 juillet 1858 (brevets que j'ose prendre la liberté d'offrir à l'Académie en triple exemplaire), je me contenterai de les indiquer succinctement et d'appeler seulement l'attention de l'Académie sur l'emploi de l'acide phénique AUX EMBAUMEMENTS, au *tannage des cuirs*, à la *désinfection* et à la *fabrication de l'acide picrique.*

L'acide phénique, ainsi que les autres huiles saponifiables à leur état naturel ou à celui des sels alcalins, ont non-seulement la propriété de conserver toutes les substances animales inertes et de détruire toutes les substances animales vivantes, mais encore de *se dissoudre en partie dans l'eau* (environ *un centième*) et de lui communiquer leur vertu conservatrice ou destructive qu'on pourra employer quand il ne sera pas nécessaire d'une trop grande énergie.

Quand on voudra employer les acides naturels, on pourra employer quatre ou six procédés différents :

1º Celui de l'immersion ou de l'injection;

2º Celui de la fumigation ou de l'évaporation spontanée ;

3º Celui *de la dissolution aqueuse des huiles essentielles* ou des sels alcalins que ces acides produisent ;

4º Celui de la *division des huiles au moyen des corps inertes.* (Procédé breveté par moi antérieurement aux communications de MM. Corne et Demeaux, et qui, selon moi, est supérieur au leur, attendu qu'on agit constamment au moyen de *corps définis et toujours identiques.*)

En employant l'un de ces procédés, on pourra *préserver de la putréfaction* les substances animales inertes, en conséquence *embaumer les corps* ou *prévenir leur décomposition*, soit en les immergeant dans une dissolution aqueuse ou dans un phénate alcalin faible ou concentré, et les exposant ensuite à l'air; soit en les recouvrant d'acide phénique ou d'huiles saponifiables *divisées au moyen de corps inertes* (tels que : sciure de bois, sable, charbon, terres naturelles à l'état de sulfates ou de silicates simples ou doubles, etc.), de manière toutefois à ce que les corps inertes n'en soient pas trop imbibés et restent à l'état pulvérulent : soit en injectant par la carotide des phénates concentrés ou de l'acide phénique commercial (on sait que j'appelle ainsi toutes les huiles saponifiables).

En se servant d'acide phénique divisé au moyen des corps inertes, on obtiendra *pour la guérison des blessures* des résultats bien plus certains qu'avec la poudre de coaltar dont la composition est indéfinie et peut varier constamment, ainsi que je l'ai démontré dans un mémoire que j'ai eu l'honneur d'adresser, le 9 *septembre* 1859, à M. Chevreul, en le priant de le communiquer à l'Académie, ce qu'il a bien voulu me déclarer avoir fait.

En lavant également *les plaies, des blessures vives avec des phénates alcalins* de 1r2 à 1 degré, on obtiendra une prompte guérison.

L'action du phénate de soude sur les plaies et blessures vives, qu'il guérit, agit *en resserrant les pores*, reformant promptement un nouveau tissu et préservant ainsi du contact de l'air les parties lésées; c'est pourquoi, **comme** l'a déclaré M. Dumas (à qui j'avais eu l'honneur, en 1858, de donner connaissance de mes remarques et des résultats que j'avais obtenus), les moindres traces de phénate de soude suffisent pour conserver les substances animales à l'air libre et même les poissons. (J'ai encore *intact* chez moi le poisson que j'ai montré alors à M. Dumas.)

L'Académie verra également dans mes brevets *que je signale les phénates à l'attention des médecins* pour remplacer le *nitrate d'argent* dans le traitement de la maladie si dangereuse qui décime si cruellement les femmes.

On pourra également détruire *toutes les odeurs, miasmes,* etc., et désinfecter d'une manière durable les matières fécales, en traitant les substances à préserver par un phénate *de fer* ou de chaux préalablement obtenu ou qui se formera par double décomposition en traitant d'abord les substances à désinfecter par un sel de chaux ou de fer, en y ajoutant ensuite un phénate alcalin qui se précipitera alors à l'état de *phénate de fer*, etc., fournira à l'acide sulphydrique qui pourrait se former ensuite les éléments nécessaires pour former un sulfure inodore, et reconstituera alors de l'acide phénique qui, étant *un des antiputrides les plus énergiques*, préservera ensuite les substances de toute décomposition ultérieure.

### APPLICATION DES DÉRIVÉS DE L'ACIDE PHÉNIQUE ET DES HUILES SAPONIFIABLES.

En traitant une partie d'acide phénique ou d'huiles saponifiables par 8 parties d'acide nitrique, et en poussant l'évaporation presque à siccité, on obtiendra une nouvelle substance formant une matière colorante jaune-clair ou brun, qui a la propriété de *précipiter l'albumine*, ainsi que *la gélatine*, qui forme alors un précipité insoluble dans l'eau froide, mais non dans l'eau chaude.

Ce nouvel acide, dérivé par substitution (appelé ordinairement *acide picrique*), additionné de deux parties d'alun et d'une de farine fondues et amalgamées ensemble, possède alors la propriété de précipiter avec plus d'énergie l'albumine et de rendre alors la gélatine complétement insoluble dans l'eau froide *et dans l'eau chaude*.

*Cette propriété remarquable* pourra être mise à profit pour remplacer l'acide tannique dans *le tannage des cuirs*, ainsi que le perchlorure de fer *pour arrêter les hémorrhagies*.

Cet acide offrira sur le *tan* l'avantage de pouvoir se fabriquer dans tous les pays, ou de s'expédier sous un volume réduit et de coûter *moins cher* que le *tan*.

Il aura sur le perchlorure de fer celui de précipiter l'albumine avec beaucoup plus d'énergie, de pouvoir s'obtenir sans excès d'acide, et de ne point causer les perturbations que le perchlorure de fer détermine souvent.

Telles sont les diverses applications que l'on pourra faire de l'acide phénique, des huiles saponifiables et de leurs dérivés par substitution.

Tels sont les résultats de mes travaux sur les huiles essentielles.

### RÉSUMÉ.

1º Au lieu de prendre, pour obtenir l'acide phénique, les huiles de houille du commerce, de les distiller de nouveau et de ne recueillir que celles qui passent *entre* 150 *et* 200º *de chaleur* (huiles dont la densité est de 0,925, qui ne forment que la 36ᵉ partie des huiles de houille, et constituent les huiles *les plus légères* des huiles de houille brutes *et non des huiles lourdes*, comme on l'a déjà avancé); de les traiter *sans proportions définies*, ensuite par la potasse caustique *saturée à chaud* et additionnée en outre de potasse caustique en poudre; de décomposer enfin le sel de potasse formé par l'acide chlorhydrique, après avoir décanté la couche inférieure liquide et obtenir enfin une huile surnageante;

Traiter immédiatement (et *sans fractionner par des distillations*) les huiles de houille brutes par *le quart* de leur poids de soude caustique à 36º, au lieu de se servir de potasse caustique *saturée à chaud* et additionnée encore de potasse en poudre et *sans proportions définies* (ce qui procurera une économie considérable); agiter ensuite, soit à froid, soit à une douce chaleur, pendant un quart d'heure ; séparer la couche aqueuse inférieure; et après avoir ramené le sel alcalin à 10° (densité après laquelle aucune addition d'eau ne décompose plus le phénate de soude restant), l'avoir séparé des huiles qui se sont reconstituées par l'addition d'eau, le décomposer au moyen de l'acide chlorhydrique ou sulfurique, et recueillir alors les huiles surnageantes.

En agissant ainsi, on obtiendra non-seulement l'acide phénique renfermé dans les huiles qui distillent entre 150 et 200°, mais encore *tout l'acide phénique* que contient *la masse générale* des huiles traitées, et en outre *trois ou quatre autres huiles saponifiables* qui jouissent de *propriétés analogues à celles de l'acide phénique.*

2° Se servir, soit des sels alcalins, soit de l'acide phénique commercial ainsi obtenus pour *embaumer les corps* par injection ou immersion.

3° Traiter les huiles recueillies par 8 parties d'acide nitrique, lorsqu'on voudra les transformer en acide picrique, ou tout autre acide dérivé par substitution.

4° Additionner cet acide picrique de deux parties d'alun et d'une partie de farine, fondues et amalgamées ensemble, et se servir des dissolutions de cet *acide picrique aluné*, lorsqu'on voudra remplacer les dissolutions *de l'acide tannique* pour opérer *le tannage des cuirs ;* ou lorsqu'on voudra précipiter *l'albumine* sans employer les dissolutions de perchlorure de fer, et obtenir un *nouvel agent hémostatique plus puissant.*

5° Lorsqu'on voudra désinfecter *d'une manière permanente,* soit l'engrais humain, soit toute autre substance pouvant former, en se décomposant, de l'acide sulfhydrique ; traiter ces substances soit par un phénate de fer déjà préparé ou qu'on obtiendra par double décomposition, en versant dans ces substances un sel de fer d'abord et y ajoutant ensuite du phénate de soude commercial. Le phénate de fer alors formé (s'il se décomposait ensuite en présence de l'acide sulfhydrique qui pourrait prendre naissance) reconstituerait de l'acide phénique, qui est un des antiputrides les plus énergiques.

6° *Panser les blessures,* soit avec l'acide phénique commercial divisé au moyen des corps inertes, soit *au moyen de dissolutions de phénate de soude* de 1ʃ2 à 1° de densité.

Remplacer, dans diverses circonstances, le nitrate d'argent, employé comme cautérisant, par les **phénates de soude.**

Paris, le 15 décembre 1859.

BOBŒUF,
81, rue du Faubourg-Saint-Denis.

## Numéro 4.

*Copie du* MÉMOIRE *adressé, le* 18 *juillet* 1861, *à* M. *le Secrétaire perpétuel de l'Académie des sciences, sur la guérison des plaies et blessures au moyen des phénates alcalins.*

Monsieur le Président,

L'Académie des sciences, dans sa séance du 25 *mars dernier*, consacrée à la distribution des prix et encouragements divers qu'elle a jugé convenable de décerner, a bien voulu m'accorder une somme de 1,000 fr. à titre d'encouragement pour les divers mémoires que j'avais eu l'honneur de lui envoyer, relatifs à la production rapide et économique des produits simples ou dérivés (notamment de l'acide *phénique et picrique* commercial), que l'on peut obtenir de la distillation des *goudrons de houille,* ainsi que pour les applications raisonnées de ces divers produits.

Qu'il me soit permis, Monsieur le Président, au moment où toutes les nations de l'Europe vont peut-être employer contre elles tous les moyens de *destruction* que la science a perfectionnés, de venir signaler les moyens de *conservation* et de *guérison* que la même science peut offrir, et appeler l'attention la plus sérieuse de l'Académie sur les propriétés *curatives* remarquables que possèdent, à l'état *de sels alcalins surtout* : l'acide *phénique*, ainsi que toutes *les huiles acides saponifiables* analogues ou homologues de l'acide phénique, obtenus de la distillation des goudrons de houille, pour la guérison des *blessures vives*, provenant soit de *coups de feu, d'armes blanches* ou de toute autre cause, guérison que les dissolutions alcalines de ces huiles acides opèrent en *arrêtant* promptement les *hémorragies, resserrant les tissus lésés, empêchant la putréfaction et en rendant* presque instantanément INSENSIBLES *les lèvres des blessures occasionnées.*

L'intérêt avec lequel, en 1859, l'Académie de médecine et l'Académie des sciences ont accueilli les communications qui leur étaient faites au sujet du *coaltar;*

Les discussions vives et animées qui ont eu lieu dans les deux assemblées pour affirmer ou révoquer en doute les effets curatifs, antiputrides et désinfectants des *goudrons de houille mélangés au plâtre*, me font espérer que l'Académie voudra bien également accueillir avec intérêt les remarques et observations que je vais avoir l'honneur de lui présenter sur les résultats remarquables que l'on peut obtenir au moyen des *dissolutions des phénates alcalins*, résultats bien autrement *constants* et *certains* que ceux que l'on peut obtenir au moyen seulement des goudrons ou coaltars naturels ou saponinés.

Lorsque *MM. Corne* et *Demeaux* vinrent faire connaître les résultats extraordinaires qu'ils affirmaient pouvoir être obtenus au moyen du *coaltar* (expression anglaise employée par eux, je ne sais pourquoi, pour désigner le *goudron de houille*), et que leurs communications étaient l'objet d'ardentes affirmations et de dénégations non moins vives, j'adressai à ce sujet à l'Académie des sciences, à la date des 9 *septembre* et 15 *décembre* 1859, deux mémoires dont elle prit communication dans ses séances des 19 *décembre* 1859 *et* 9 *juillet* 1860.

Dans le premier mémoire, dont l'Académie n'a pris connaissance que dans sa séance du 9 *juillet* 1860 (voir les comptes-rendus de l'Académie, tome LI, page 61), mémoire que j'ai eu l'honneur d'adresser à l'Académie de médecine, en triple exemplaire, je démontrais logiquement, je crois, que l'invention de MM. Corne et Demeaux ne méritait ni les louanges empressées, ni le blâme absolu dont elle avait été l'objet. — Les louanges :

Parce que MM. Corne et Demeaux venaient signaler comme *agents constants* de résultats déterminés une substance multiple composée d'éléments *variables* et *inconstants*.

Je démontrais que les goudrons de houille pouvaient varier et *variaient* sans cesse de nature et de composition, suivant la nature des houilles distillées et suivant les modes divers de distillation employés.

Qu'en conséquence :

Il ne fallait point exalter aussi haut les propriétés de substances qui, pouvant constamment varier de nature, devaient aussi donner constamment des résultats incertains ou inattendus. — Le blâme :

Parce que les goudrons de houille pouvaient, dans des circonstances données, réaliser les effets signalés en vertu de propriétés particulières étrangères aux agents thérapeutiques qu'on leur assimilait et en faveur desquels on réclamait l'antériorité. — Ceci posé :

J'examinais alors la composition générale des goudrons de houille et démontrais qu'ils étaient toujours la réunion de substances solides et liquides agglomérées ensemble;

Que les substances solides n'étaient autres que du charbon et divers corps résinoïdes remplissant le rôle d'enveloppe et de récipient à diverses huiles essentielles que l'on pouvait ensuite extraire par une distillation ultérieure;

Que ces huiles essentielles de *natures diverses* étaient elles-mêmes la réunion de plusieurs carbures d'hydrogène liquides se subdivisant en *huiles essentielles acides* et en huiles essentielles *neutres;*

Que les huiles essentielles *acides* (parmi lesquelles se trouvait *l'acide phénique* décrit par Runge et Laurent, $C^{12} H^6 O^2$) pouvaient, comme tous les acides, former avec les alcalis caustiques des sels parfaitement définis, ou se transformer en nouveaux acides dérivés par substitution, sous l'influence de l'acide azotique, par l'échange de trois de leurs molécules d'hydrogène contre trois molécules d'azote de l'acide réagissant ;

Que les **huiles** essentielles *neutres* (qui forment les quatre cinquièmes environ de la masse totale des huiles essentielles) différaient des huiles acides (quoiqu'ayant néanmoins souvent avec elles des propriétés générales), tant par d'autres propriétés particulières que par leur état naturel.

Déniant alors aux substances solides (charbon et corps résinoïdes) les vertus curatives signalées, je soutenais qu'elles résidaient toutes dans les huiles essentielles qu'elles contenaient et j'affirmais que, parmi les huiles essentielles, les *huiles acides seules* possédaient *les propriétés thérapeutiques signalées.*

Ces allégations admises comme véritables par moi, je prouvais qu'il était irrationnel alors d'ordonner de se servir de *matières premières de composition variable,* pouvant souvent ne pas contenir la substance curative nécessaire, et bien plus logique, au contraire, d'extraire *l'agent thérapeutique actif* partout où il se trouvait, afin de pouvoir ensuite l'employer dans des conditions toujours identiques.

Mais alors je prouvais, par la prise des brevets obtenus par moi en 1857 et 1858 (brevets que je prends la liberté d'adresser également en triple exemplaire à l'Académie), que bien avant MM. Corne et Demeaux, *j'avais signalé à la médecine toutes les vertus curatives* des substances nouvelles que j'avais étudiées, et qu'en conséquence MM. Corne et Demeaux, loin d'être des inventeurs, n'étaient que d'inhabiles ou d'involontaires plagiaires.

Pour éviter alors qu'on ne pût m'appliquer la même épithète, je signalai qu'avant moi on avait, à la vérité, reconnu à *l'acide phénique* et à la *créosote* (de créas sotzo qui signifie : *je conserve la chair*) la propriété de conserver les substances animales inertes. — Mais,

J'affirmai qu'en employant ces diverses substances dans leur état naturel, c'est-à-dire à l'état *d'huiles essentielles acides*, loin de pouvoir arriver à guérir les blessures, on ne ferait au contraire que les aggraver, à cause de la *causticité énergique* inhérente auxdites huiles.

J'appelai alors de *nouveau* l'attention de l'Académie sur *l'efficacité* DES SELS ALCALINS produits par TOUTES les huiles de houille SAPONIFIABLES que, le PREMIER, j'avais déjà signalées à la médecine et dont je recommandais ardemment l'emploi, en faisant connaître que ces *sels alcalins* jouissaient *des mêmes propriétés curatives, antiputrides et désinfectantes,* que les huiles acides elles-mêmes, *sans avoir* AUCUN DE LEURS INCONVÉNIENTS.

Tel était le but du premier mémoire présenté par moi à l'Académie des sciences.

Le second mémoire (que j'ai l'honneur d'adresser également en triple exemplaire à l'Académie) avait pour but d'indiquer les modes d'extraction des *huiles acides saponifiables*, ainsi que celle de *l'acide phénique*, les plus prompts et les plus économiques, en indiquant leurs applications diverses à *l'embaumement,* au *tannage,* à la *désinfection,* à la *guérison des blessures* et à la *production de l'acide picrique.*

§

Quelle raison scientifique puis-je donner à l'Académie pour justifier la *supériorité* des dissolutions des *sels alcalins* produits par les huiles de houille sur l'emploi des *huiles acides* elles-mêmes ?

Quelle preuve concluante de leur efficacité puis-je présenter à l'appui de mes allégations ?

La raison scientifique, c'est que :

1° *Toutes les dissolutions des sels alcalins solubles* (de potasse ou de soude — de *soude* de préférence, par raison d'économie) obtenues au moyen des huiles acides essentielles de *houille,* de *tourbe* ou de *bois,* précipitent l'*albumine* avec la même énergie que les huiles acides elles-mêmes, sans avoir l'inconvénient *de léser* les parties malades sur lesquelles on les applique ; et :

2° Que ces dissolutions ont la propriété de resserrer et *souder ensemble tous les pores des tissus* qui durcissent constamment et forment ensuite une espèce de cuir qui intercepte le contact de l'air.

La découverte de cette propriété *tannante* des phénates alcalins n'a été faite par moi qu'après d'assez longs travaux.

Chaque fois que je traitais des huiles de houille (500 kil.) par la soude caustique à 36° (100 kil.) pour m'emparer des huiles acides de houille destinées à être transformées en acide picrique, la peau de mes mains devenait *dure, luisante*, et mes doigts *gonflaient* pendant toute la journée et surtout la nuit (sans douleur néanmoins). Ce gonflement ne disparaissait ensuite que lorsque toute ma peau s'était fendillée en mille endroits, et qu'une peau nouvelle se réformant faisait tomber ou permettait d'enlever l'ancienne.

Les fragments de cette peau avaient alors l'aspect et la dureté du cuir.

Frappé de cette particularité, je me mis à rechercher quelle était celle des substances traitées qui pouvait produire cet effet.

Les huiles ordinaires de houille, bien qu'astringentes, ne le produisant pas, j'essayai séparément ensuite les huiles neutres : je n'obtins rien. Je pris les *huiles acides* ; elles me corrodèrent vivement les tissus. Pendant six mois je cherchai, et je désespérais de réussir, lorsqu'un jour qu'il ne m'était loisible que de soutirer les *dissolutions alcalines* que j'avais faites la veille, je me hâtai de sortir aussitôt ensuite.

Pendant la nuit, mes mains gonflèrent !

Ma substance tannante était trouvée !

*C'étaient les phénates alcalins seuls* qui m'avaient si bien tanné jusque-là !!!

Je me mis alors à faire mille expériences sur les viandes que je trempais dans des phénates de soude à différents degrés (1, 2, 3, 4, 5) et j'obtins constamment la conservation de ces substances en les exposant ensuite à l'air.

Telles sont les raisons que j'ai à donner pour justifier la *supériorité* des *dissolutions alcalines* des huiles acides essentielles de houille, etc., comme substances conservatrices, sur l'emploi des huiles acides elles-mêmes.

Quant aux preuves de leur *efficacité*, je n'en ai pas d'autres à donner que celles de deux expériences *faites sur moi-même*.

La première, en arrêtant presqu'instantanément l'hémorragie d'une *coupure profonde* que je m'étais faite à l'index par le bris d'une tourie en grès (ce fait, s'il était isolé, serait loin d'être une preuve suffisante).

La seconde, en arrêtant également au bout de *trois minutes* l'hémorragie causée par la section de deux *artérioles* produite par le bris d'une éprouvette en verre qui m'était entrée dans la région palmaire de la main droite.

Cet accident m'arriva en présence de *M. Mallet*, directeur des goudrons de la Compagnie Parisienne, dans l'usine de qui je démontrais la fabrication de l'acide phénique commercial et de l'acide picrique.

Mon sang coulait avec une abondance extraordinaire et de couleur carmin par une large section d'un centimètre et demi au moins de profondeur. J'affirmai alors à M. Mallet qu'en moins de trois minutes j'allais arrêter mon hémorragie, ce que je fis en appliquant successivement sur ma blessure *trois compresses pliées en quatre doubles* et trempées préalablement dans un phénate de soude marquant 5 *degrés* au pèse-acide Beaumé.

Cinq minutes après avoir enveloppé ma main, je travaillais de nouveau et continuai les jours suivants, sans éprouver aucune inflammation.

Une demi-heure après l'accident, je pouvais appuyer du doigt sur les lèvres de ma blessure, qui étaient devenues *blanches*, sans éprouver de douleur, et huit jours ensuite j'étais entièrement guéri.

Pour moi, il est évident aujourd'hui que les phénates de soude à 5 *degrés* peuvent parfaitement *arrêter les hémorrhagies* produites par la section des artérioles.

Seraient-ils aussi efficaces pour arrêter celles produites par la rupture d'une artère ?

Je le pense, mais je ne puis l'affirmer, n'ayant pu avoir, jusqu'à ce jour, l'occasion de vérifier ce fait.

L'Académie pourra faire faire des expériences à ce sujet en priant les opérateurs de suivre les prescriptions suivantes :

MOYENS A EMPLOYER POUR ARRÊTER LES HÉMORRAGIES ET GUÉRIR LES BLESSURES PRODUITES SOIT PAR DES INSTRUMENTS TRANCHANTS OU PERCUTANTS.

Si l'hémorragie ou la blessure est produite par un instrument tranchant, prendre des compresses en *quatre doubles*, les tremper dans une *dissolution alcaline de phénate de soude à 5 degrés*, obtenue en traitant les *huiles de houille brutes*, ainsi que je vais l'indiquer ensuite, et en appliquer d'abord une sur la plaie (cette application ne fait *aucun mal* et *ne produit aucune irritation*), serrer la compresse et l'imbiber encore par-dessus de la dissolution alcaline au moyen d'un pinceau.

Si le sang la transperce, *appliquer une nouvelle compresse en quatre doubles*, bien imbibée, la serrer également et passer le pinceau dessus.

Il sera rare qu'une hémorragie quelle qu'elle soit ne soit pas arrêtée à la quatrième compresse.

L'effet produit sera celui-ci :

Le sang qui s'échappe se *coagulera* au contact du phénate alcalin contenu dans la première compresse, en formant un *précipité noir*.

Si la quantité de phénate de soude contenue dans les quatre doubles de la première compresse n'est pas suffisante pour coaguler toute l'albumine du sang qui s'écoule, la seconde, troisième ou quatrième, etc., compresse, seront suffisantes pour obtenir ce résultat. L'albumine formera alors un corps solide qui arrêtera l'hémorragie soit par sa coagulation, soit par la contraction des tissus au contact de la dissolution alcaline.

Si l'hémorragie provenait d'une perforation des chairs, produite par un coup de baïonnette ou par une balle, etc., injecter, au moyen d'une seringue, de la même dissolution alcaline deux ou trois fois de suite d'abord, puis remplir la plaie de charpie trempée dans la même dissolution.

Que *les soldats* aient chacun une petite fiole de phénate de soude, *ils pourront mutuellement se panser aussitôt les blessures reçues et éviter ainsi la perte presque toujours mortelle de leur sang* (1).

Trois ou quatre heures après la suspension de l'hémorragie, ne pas oublier d'enlever, en les décollant doucement, *toutes les compresses* superposées sur la première, attendu que le sang coagulé dont elles sont imprégnées devient d'une *dureté extraordinaire* lorsqu'il est sec, et qu'il est alors impossible de retirer séparément ces compresses, qui adhèrent toutes ensemble avec une ténacité telle qu'on ne peut plus les enlever qu'en les laissant longtemps tremper dans l'eau tiède.

Néanmoins, s'il s'agissait d'arrêter le sang qui s'échapperait de la section

(1) NOTA. — Dans le cas où les soldats ou l'ambulance de l'armée n'auraient ni phénate de soude, ni aucune huile essentielle, ni coaltar, ils pourront se fabriquer instantanément une eau antiputride de la manière la plus simple en prenant une pipe en terre (neuve, si c'est possible, mais passée au feu préalablement si elle était imprégnée de jus de tabac), la bourrant avec du papier, de la charpie ou des chiffons propres de toile ou de coton en place de tabac; aspirant la fumée et en L'INJECTANT ensuite à l'aide d'un tuyau de pipe neuve dans une bouteille remplie aux trois quarts d'eau.

Avant d'insuffler cette fumée de papier dans l'eau au moyen du tuyau de pipe, on devra avoir soin de plonger un des bouts du tuyau le plus profondément possible dans l'eau, et agiter la bouteille après chaque insufflation, en bouchant l'orifice du doigt, afin que les huiles essentielles contenues dans la fumée puissent se dissoudre dans l'eau au moyen de l'agitation opérée.

Ce moyen est le plus simple pour se procurer immédiatement des dissolutions aqueuses d'huiles essentielles de bois, éminemment antiputrides.

La quantité d'huiles essentielles produite par la fumée du papier remplissant la pipe, sera suffisante pour communiquer à l'eau toutes les qualités des dissolutions aqueuses des huiles essentielles que j'ai signalées dans mes brevets.

Je suis persuadé que la fumée de tabac elle-même doit être efficace, malgré qu'elle contienne de la nicotine et soit privée d'acide phénique et de créosote; mais n'en ayant point encore fait l'essai, je n'ose la recommander.

Les soldats sauront promptement à quoi s'en tenir à ce sujet.

d'une *artère*, on devrait se servir de phénate de soude marquant au moins
10 degrés. On pourra rendre encore ces phénates plus énergiques en les
additionnant d'acide phénique dissous dans *une solution d'alcool aqueux*
(1/4 alcool, 3/4 d'eau et agiter avec de l'acide phénique; plus on mettra d'alcool, plus il se dissoudra d'acide phénique).

J'ai déjà signalé dans mes brevets que les phénates alcalins et *les dissolutions aqueuses d'acide phénique*, ainsi que celles des huiles saponifiables, gué-
rissaient la *gale* et *toutes les affections analogues*.

Je signalerai également aujourd'hui les résultats immenses que l'on pourra
obtenir en beaucoup de circonstances au moyen des *phénates métalliques* insolubles, en les appliquant au lieu des métaux employés en médecine à l'état
d'oxyde ou de sels.

Je signalerai surtout les résultats que l'on devra obtenir dans les affections
syphilitiques au moyen du *phénate de mercure* qui, en outre de l'action propre au mercure, agira ensuite comme antiputride et agent caustique.

Bien que jusqu'ici, on ait déclaré qu'il n'était possible d'obtenir que les
phénates de *potasse*, de *chaux* et de *baryte*, les travaux récents que je viens
de faire m'autorisent à affirmer que l'on pourra obtenir facilement tous les
phénates métalliques par double de composition.

On prendra à cet effet un phénate alcalin de potasse ou de soude et un sel
soluble du métal dont on voudra obtenir le phénate métallique et on les
mélangera ensemble. Le précipité qu'on recueillera donnera le phénate
métallique que l'on cherche (ces sels étant instables devront être employés
de suite).

S'il s'agissait de *désinfecter* et *guérir d'anciennes plaies purulentes* et non
refermées, on pourra obtenir d'heureux résultats en se servant en outre de
*charbons phénatés* avec lesquels on saupoudrera les plaies, après ou sans les
avoir lavées avec du phénade de soude.

On obtiendra les *charbons* phénatés, en immergeant pendant un quart
d'heure du charbon de bois (de braise) en poudre fine dans du phénate de
soude à 5 degrés et le laissant ensuite sécher pour pouvoir s'en servir à l'état
sec ou pulvérulent avec autant de facilité que le charbon en poudre ordinaire. On devra avoir soin que le phénate de soude soit plutôt un peu acide
que basique, pour qu'il n'y ait point d'efflorescence.

Ces charbons phénatés agissant tant comme antiputrides que comme désinfectants, en vertu des propriétés des deux substances réunies, devront assurément rendre d'immenses services à la médecine.

Telles sont les applications des phénates alcalins ainsi que celles des dissolutions antiputrides, obtenues au moyen des liqueurs distillées dans les
pipes en terre que j'ai l'honneur de faire connaître à l'Académie.

❧

## Numéro 5.

COPIE DU BREVET D'ADDITION ET DE PERFECTIONNEMENT AU BREVET PRIN-
CIPAL, DU 15 JUILLET 1857, PRIS PAR BOBŒUF LE 14 JUILLET 1858,
AYANT POUR OBJET :

1° D'indiquer quelques nouvelles applications des huiles essentielles (conservation des
bois, des métaux); 2° celui de perfectionner et synthétiser les applications diverses des
huiles essentielles végétales et minérales indiquées dans mes divers brevets des
15 juillet et 25 août 1857, ayant ainsi pour objet : 1° la *conservation*, la *concrétion*,
l'*imperméabilisation* et la *coloration* de toutes les substances animales inertes;
2° la destruction des substances animales vivantes et la préservation de futurs insectes; la conservation des bois, des métaux; au moyen des huiles essentielles végétales et minérales contenant des *huiles acides saponifiables* susceptibles de former
des sels solubles dans l'eau et des *acides dérivés* par substitution; 3° la rectification
des huiles essentielles végétales et minérales *se rectifiant elles-mêmes* par la séparation des huiles essentielles acides saponifiables d'avec les huiles essentielles insaponifiables au moyen des alcalis caustiques.

Le but du présent brevet d'addition est non-seulement d'indiquer quelques nouvelles applications des huiles essentielles (conservation des bois, des métaux), mais encore de venir, en vertu de l'art. 18 de la loi du 8 juillet 1844, synthéser et coordonner toutes les applications qui peuvent être obtenues au moyen des huiles essentielles végétales et minérales indiquées dans mes brevets des 15 juillet et 24 août 1857.

Il est rare, lorsqu'un inventeur prend un brevet, qu'il explique d'abord d'une manière lucide pour tous, ce qu'il a conçu et croit exposer d'une manière compréhensible, tandis que souvent il a outrepassé ou omis d'indiquer le véritable but de son invention ; aussi, la loi a-t-elle accordé sagement à l'inventeur une année pour perfectionner son invention, afin de lui permettre d'élaguer ou développer ses idées.

Profitant des délais accordés d'une manière si prévoyante par la loi, je viens aujourd'hui définir le but et la portée de mes brevets antérieurs.

La base fondamentale de mes divers brevets d'invention est celle-ci :

1° La séparation instantanée des *huiles acides saponifiables* d'avec les huiles *insaponifiables* contenues dans la masse générale des huiles essentielles végétales et minérales en général, mais notamment des huiles de houille, de tourbe, de bois et de schistes, au moyen *des alcalis caustiques concentrés ;*

2° Les applications *raisonnées* des différentes huiles séparées, soit à leur état naturel ou à celui de transformation.

Cette séparation des huiles essentielles *en deux catégories distinctes,* dont l'une paraît *vénéneuse* et l'autre, au contraire, *inerte,* servira, j'en suis persuadé, à modifier les applications déjà proposées des huiles essentielles en général en les appliquant de nouveau et d'une *manière rationnelle,* en tenant compte de cette *complexité* des huiles essentielles.

On ne devra donc pas s'étonner si j'indique dans mes brevets quelques applications des huiles essentielles qui ont déjà été signalées et ne paraîtraient point nouvelles sans cette division que je fais des huiles essentielles en *huiles acides saponifiables vénéneuses et corrosives* et en *huiles insaponifiables ou neutres* pouvant être séparées *instantanément* les unes des autres au moyen des alcalis caustiques, et être en conséquence employées, soit isolément, soit conjointement.



Lorsqu'on distille des substances végétales ou minérales, contenant des huiles essentielles renfermant des huiles *acides saponifiables* — telles, principalement parmi les substances végétales, que : les ligneux, la tourbe, etc., et parmi les substances minérales, que : la houille, les différents schistes, les lignites, l'anthracite, — on obtient, suivant le mode d'opérer et les appareils que l'on emploie, un grand nombre de produits divers (acide acétique, alcool, paraffine, gaz, naphtaline, coke, etc.) qui sont toujours accompagnés, soit d'huiles *essentielles immédiates,* ou de *goudrons* qui les contiennent et les cèdent à une distillation ultérieure.

Ces huiles essentielles immédiates, ou obtenues de la distillation des goudrons, sont, dans leur premier ensemble, *très-complexes* et l'amalgame d'un grand nombre de carbures d'hydrogène dont beaucoup paraissent acides.

Néanmoins, quelle que soit la nature différente du produit des substances végétales ou minérales distillées, la masse des huiles essentielles qui en provient contient toujours, en plus ou en moins grande quantité, des *huiles acides saponifiables,* qui, soit à l'état d'acides naturels, d'acides dérivés par *substitution* ou à l'état de *sels,* jouissent des propriétés les plus remarquables.

J'ose espérer que l'étude sérieuse et attentive que je fais depuis six ans de ces substances, examinées imparfaitement comme acides simples ou dérivés par substitution, et complétement *inétudiées comme sels* (dont les propriétés sont des plus remarquables), ouvrira une voie large et nouvelle à la science et à l'industrie, *et rendra à la médecine elle-même des services immenses.*

Quand on distille des substances végétales ou minérales telles, principalement, que les ligneux, la houille, la tourbe et les schistes, on obtient donc, comme je l'ai dit, une *masse générale* d'huiles essentielles soit directes ou qu'on extrait ensuite par la distillation des goudrons qu'elles produisent.

Cette masse générale d'huiles essentielles est toujours composée de carbures d'hydrogène de densités différentes, dont les unes sont *insaponifiables* et les autres *saponifiables*, susceptibles alors de se combiner aux *alcalis caustiques* pour former des sels définis.

Toutes ces huiles essentielles, neutres ou acides, à leur état naturel ou à celui de sels alcalins, ont non-seulement la propriété de *conserver* ou *détruire* toutes les substances animales, mais encore celle de se *dissoudre en partie dans l'eau* et de lui communiquer leur vertu *conservatrice* ou *destructive*, qu'on pourra employer quand il ne sera pas nécessaire d'une trop grande énergie.

Quoique toutes les huiles essentielles obtenues des substances ci-dessus indiquées soient *aptes* à conserver ou à détruire les substances animales, on ne devra cependant pas s'en servir indistinctement et ne les appliquer que suivant les circonstances et leurs propriétés particulières. Ainsi : les *huiles acides saponifiables* que contiennent toutes les huiles de houille, de tourbe, de bois, de schistes (huiles denses qui pèsent ordinairement de *six à huit* degrés au pèse acide Beaumé — c'est-à-dire *huit* degrés *au-dessous* de la densité de l'eau), qui sont généralement *vénéneuses* et très-corrosives, ne devront point être employées pour la conservation des substances destinées à *l'alimentation,* tandis qu'elles seront très-propres à la *conservation* des substances animales inertes, à l'*absorption* des *odeurs putrides,* à la *destruction des insectes, miasmes,* etc. Les *huiles neutres,* au contraire, devront être préférées dans les circonstances inverses, telles que pour le traitement des arbustes, etc.

Cette séparation instantanée des *huiles saponifiables* d'avec les *huiles insaponifiables* au moyen des alcalis caustiques concentrés et liquides est la BASE RÉELLE ET FONDAMENTALE, comme je l'ai dit, d'où découlent tous les résultats que j'ai obtenus.

Les huiles essentielles *brutes,* obtenues d'une première distillation, bien que composées d'huiles essentielles neutres et acides, pourront immédiatement être *séparées les unes des autres,* en traitant, soit à *froid,* soit à une *douce chaleur,* la masse générale desdites huiles brutes par les *alcalis caustiques concentrés,* ainsi qu'il sera expliqué plus bas.

Ceci dit sur la généralité des huiles essentielles de houille, de tourbe, de bois et de schistes, je vais indiquer les moyens pour *conserver* les substances animales inertes, ou *détruire* les substances animales vivantes.

CONSERVATION DES SUBSTANCES ANIMALES INERTES OU DESTRUCTION DES SUBSTANCES ANIMALES VIVANTES AU MOYEN DES HUILES ESSENTIELLES VÉGÉTALES OU MINÉRALES, NEUTRES OU ACIDES.

Pour conserver les substances animales au moyen des huiles essentielles végétales et minérales, quatre procédés pourront être employés :

1º Celui de l'immersion;
2º Celui de la fumigation et de l'évaporation spontanée;
3º Celui de la dissolution aqueuse des huiles essentielles;
4º Celui de la division des huiles au moyen des corps inertes.

### *Procédé par immersion.*

On devra, pour obtenir un bon résultat, immerger les substances à conserver dans les huiles essentielles légères ou lourdes qu'on aura choisies et les laisser dans ces huiles au moins pendant une heure, les retirer ensuite et *les laisser exposées à l'air.* Au bout de quatre à cinq jours, lorsqu'on verra que la superficie a commencé à devenir un peu dure, et que les substances auront perdu l'odeur des huiles essentielles dans lesquelles on les aura immergées, on pourra, pour plus de sûreté, les revêtir au pinceau d'une couche tiède d'acides gras liquides (huile à manger) dans lesquels on aura préalablement fait fondre ou dissoudre un acide gras solide, ou d'une *couche* de gélatine simplement. On pourra ajouter dans l'huile fixe un peu d'huile essentielle de laurier ou autre qui a la propriété d'éloigner les mouches.

Ainsi préparées, les substances animales se conserveront très-bien.

### Procédé par évaporation spontanée ou par fumigation.

Ce procédé, que je considère comme étant le meilleur, consiste à renfermer toutes les substances animales à conserver dans un endroit fermant hermétiquement, ayant une température de 25 à 40 degrés centigrades que l'on maintiendra pendant six heures environ, afin d'enlever l'humidité des substances animales qui devra s'échapper par une ouverture pratiquée à la partie supérieure de la chambre. Après ce temps, on fermera cette ouverture et l'on maintiendra une chaleur suffisante pour laisser s'évaporer les huiles essentielles dont on voudra imprégner les viandes. Ces huiles, qui devront avoir une grande légèreté (telle ou approchant que celle de la *benzine* dont on pourra se servir si on emploie des huiles de houille) seront mises dans un vase large, tel qu'une assiette, dans le bas de la chambre dans laquelle seront suspendues les substances. On pourra chauffer légèrement au-dessous du vase, si la température n'était pas élevée, et on laissera ainsi les substances animales en contact avec les vapeurs d'huiles essentielles pendant plus ou moins de temps, suivant la quantité de substances à conserver, mais dans tous les cas pendant douze heures au moins.

On exposera ensuite à l'air et on enduira d'acides gras, si on le juge convenable.

On pourra conserver des *pièces anatomiques* au moyen de l'*évaporation spontanée* en ne mettant *qu'un* centimètre d'épaisseur *de benzine* au fond d'un bocal ou autre vase, et en suspendant au-dessus les objets à conserver. On devra ensuite boucher le vase hermétiquement.

Ce procédé sera *bien plus économique* que celui de l'alcool.

Lorsqu'on voudra procéder par fumigation, on fera arriver dans la chambre où seront suspendues les substances animales (chambre qui devra avoir une température suffisante pour ne pas permettre aux vapeurs de se condenser immédiatement), un dégagement de vapeurs d'huiles essentielles dans lesquelles on pourra mélanger des essences aromatiques *non nuisibles*, afin de communiquer aux substances le goût aromatique que l'on désirera; et après avoir ainsi rempli la chambre de vapeurs suffisantes qui ne se condenseront point immédiatement et pénètreront dans les substances, si la température de l'endroit a été maintenue à une chaleur suffisante, les y laisser au moins pendant douze heures; les retirer, les exposer à l'air et les recouvrir ensuite, si l'on veut, de la dissolution d'acides gras liquides et solides indiquée plus haut, ou d'une couche légère de gélatine qui donnera un bel aspect aux substances conservées.

### Procédé par les dissolutions aqueuses des huiles essentielles.

Il suffira, pour obtenir une dissolution d'huile essentielle, *soit d'acide phénique, de créosote* ou d'huiles autres que celles de ces deux huiles acides, d'agiter pendant dix minutes une quantité donnée d'eau, à laquelle on ajoutera *un pour cent* de l'huile essentielle que l'on voudra dissoudre.

Cette dissolution aqueuse que j'ai obtenue très-bien avec les huiles de houille, de bois, de tourbe, de schistes (les seules que j'ai essayées) conserve très-bien les substances animales, à condition toutefois qu'on renouvelle la dissolution aqueuse dans laquelle ces substances sont immergées au moins une fois ou deux, et qu'on les y laisse macérer au moins douze heures.

Néanmoins, si on voulait conserver des substances animales d'un certain volume au moyen des dissolutions aqueuses des huiles essentielles, on devrait renouveler deux ou trois fois l'eau imprégnée d'huile dans laquelle on les aurait immergées, ou bien laisser une couche d'huile surnager afin de renouveler par l'agitation les huiles absorbées par les viandes, attendu que l'eau m'a paru ne dissoudre qu'une très-minime quantité d'huiles essentielles.

Ces dissolutions aqueuses seront d'une grande utilité dans beaucoup de circonstances.

Les dissolutions aqueuses *d'acide phénique commercial*, par exemple, pourront être employées avec avantage pour *arroser* tous les locaux où il y a agglomération d'individus, au lieu d'employer les phénates, attendu que, contenant de l'acide phénique libre en dissolution, cet acide se volatilisera et se sublimera en même temps que l'eau. Il pourrait encore servir en *mille circonstances thérapeutiques*, en remplacement des dissolutions d'acétate de plomb, de tannin ou d'alun, etc.

Les dissolutions aqueuses des huiles essentielles débarrassées au contraire des *huiles acides*, pourront être employées pour la guérison de la *maladie des arbres, arbustes et végétaux*, produite par des animalcules ou insectes, lorsque les dissolutions aqueuses d'huiles acides pourront leur nuire ou les attaquer trop vivement.

*Procédé par la division des huiles essentielles au moyen des corps inertes.*

Pour diviser les huiles essentielles végétales ou minérales, neutres ou acides, au moyen de *corps inertes*, tels que : *sable, terre, sciure de bois, fécule, chanvre, chiffons*, etc., il suffira d'imbiber ces substances avec les huiles essentielles, légères ou lourdes, neutres ou acides, séparées ou amalgamées, de manière toutefois à ce qu'elles ne soient ni pâteuses, ni trop imbibées.

Si les substances à conserver sont nombreuses, on en fera un premier lit qu'on saupoudrera bien d'abord et qu'on recouvrira ensuite d'une couche d'huiles essentielles divisées, et ainsi de suite jusqu'à la fin.

S'il s'agissait *d'un corps tout entier* à conserver, on devrait retirer les intestins, les conserver à part au milieu de sable ou sciure de bois imprégnés d'huiles essentielles et remplacer le vide de ces intestins par une égale quantité de chanvre ou de chiffons imprégnés d'huiles essentielles et recouvrir le corps en entier de la même sciure ou du même sable.

On devra retirer et renouveler plusieurs fois les huiles ainsi divisées, afin d'enlever l'humidité des substances animales absorbée par le sable ou les autres corps inertes, car cette humidité pourrait souvent provoquer la décomposition.

Ce moyen de division des huiles essentielles sera d'un grand secours dans beaucoup de circonstances; par exemple : pour chasser d'un jardin, etc., les chenilles ou autres insectes, sans être obligé d'arroser la terre soit d'huiles essentielles dissoutes dans l'eau, ou de dissolutions alcalines des huiles saponifiables qui pourraient nuire aux plantes qui poussent. Pour écarter les mouches, etc., des animaux domestiques, on devra saupoudrer le dos des animaux ou les endroits où ils sont renfermés, soit avec du sable ou de la sciure de bois imprégnés d'huiles essentielles.

En jetant légèrement, après avoir ensemencé ou planté des végétaux, de la sciure, de la terre ou du sable imprégnés *d'huile brute lourde de houille* sur cette terre, on empêchera les oiseaux et les insectes d'approcher.

Un carbure d'hydrogène *solide* que produisent les huiles de houille, *la naphtaline*, donnerait les mêmes résultats que les huiles essentielles.

En mettant *à fond de cale* d'un navire, comme lest, ou parmi le lest et les colis, une quantité suffisante de sable, terre ou sciure imprégnés d'huile lourde et brute de houille (comme étant l'huile essentielle le meilleur marché), on préviendrait la *détérioration du navire*, lorsqu'elle est causée par des *insectes rongeurs*.

Ce moyen est infaillible et supérieur à l'emploi du *sel marin*.

Tels sont les procédés, ou d'autres analogues, qui seront employés lorsqu'on voudra *conserver* ou *détruire* des substances animales au moyen des huiles essentielles végétales ou minérales.

Des résultats identiques pourront être également obtenus au moyen des *sels alcalins solubles* formés par les *huiles essentielles acides* que renferment les huiles essentielles de houille, de tourbe, de bois et de schistes.

CONSERVATION OU DESTRUCTION DES SUBSTANCES ANIMALES, EMBAUMEMENT DES CORPS,
AU MOYEN DES SELS ALCALINS PRODUITS PAR LES HUILES ACIDES SAPONIFIABLES,
EXTRAITES DES HUILES ESSENTIELLES VÉGÉTALES ET MINÉRALES.

*Préparation des sels (phénates) alcalins et de l'acide phénique commercial.*

Pour obtenir un sel alcalin propre à la conservation des substances animales, il faut prendre *la masse générale* des huiles essentielles obtenues de la
distillation de l'une des substances végétales ou minérales indiquées ci-dessus
et les agiter *pendant une demi-heure,* soit à froid (si l'on ne veut perdre aucun
des produits volatils qu'elles renferment), soit à une douce chaleur, avec un
alcali caustique (l'alcali caustique dont je conseillerai l'emploi de préférence
sera *la soude caustique,* comme étant le produit revenant le meilleur marché)
à l'état liquide très-concentré (de la soude caustique à 36 degrés par exemple),
que l'on mettra dans la proportion d'un tiers, d'un quart ou d'un cinquième
du poids des huiles essentielles à traiter. (En traitant *une partie* d'huile essentielle par son *poids* de soude caustique à 36 degrés, et agitant le tout dans une
*éprouvette graduée,* on se rendra compte aussitôt de la quantité d'acide phénique, etc., qu'elle contient, par la quantité des degrés de l'huile manquant
ensuite, par suite de sa transformation en phénate de soude).

On pourrait également se servir de *chaux caustique* hydratée et diluée; mais,
bien que le prix commercial de cette substance paraisse moindre que celui de
la soude et de la potasse, on s'apercevra bien vite que les produits obtenus
par son intermédiaire sont *moins purs,* à cause des huiles non saponifiables
qu'elle entraîne avec elle, et de l'obligation où l'on serait de chauffer fortement ensuite pour en obtenir une combinaison parfaite : chaleur qui *volatiliserait* une grande partie des huiles essentielles légères qui ont souvent une
grande valeur. On ne devra donc se servir de cet alcali qu'autant qu'on ne
tiendrait pas à obtenir des produits très-purs, et que la perte des huiles plus
légères serait sans valeur, et qu'il importerait peu de les perdre, ou qu'on
n'aurait besoin que d'un phénate alcalin *insoluble.*

Les huiles essentielles bien agitées, comme il est dit ci-dessus : ajouter de
l'eau (*une fois* le poids de l'alcali employé) et agiter de nouveau pendant dix
minutes. Laisser reposer le tout pendant vingt-quatre heures et soutirer ensuite à l'aide d'une pompe la partie inférieure du liquide qui contient le *sel
de soude formé,* jusqu'à ce que la liqueur commence à devenir trouble; mettre
tout le liquide clair de côté, et soutirer dans un nouveau vase toute la partie
trouble et laiteuse qui passe ensuite, jusqu'à ce qu'elle devienne limpide. Arrêter alors, car c'est l'indice qu'on est arrivé alors aux huiles essentielles insaponifiables non combinées, et que les parties surnageantes ne contiennent
plus de sel de soude.

Ce liquide trouble sera ensuite reversé dans l'opération suivante après l'a-
gitation des huiles avec l'alcali, en même temps que l'eau, ou si on ne doit
pas faire d'opération ultérieure, ces huiles seront filtrées et décantées de
nouveau pour être ajoutées au premier sel de soude clair.

Comme le sel de soude ainsi obtenu paraît être formé de la saponification
de *diverses huiles acides de natures diverses,* qui m'ont paru plutôt analogues
à l'acide phénique et à la créosote qu'à toutes autres substances, je désigne-
rai *conventionnellement,* à l'avenir, les *huiles acides saponifiables* sous le nom
synthétique et abréviatif : *d'acide phénique commercial,* et *phénates* leurs
combinaisons avec les alcalis caustiques.

Après donc avoir recueilli tout le phénate de soude formé, le décomposer
alors en versant dessus, peu à peu, un acide végétal ou minéral quelconque
(l'acide sulfurique par exemple) jusqu'à ce qu'il y ait une effervescence produite par un dégagement d'acide carbonique que contiennent presque toujours les alcalins caustiques à la chaux, acide carbonique que ne déplace pas
l'acide *phénique commercial,* mais qui se trouve alors expulsé par l'acide sulfurique plus énergique.

Il se formera alors deux couches bien distinctes, l'une inférieure et l'autre supérieure ; la première sera l'*acide phénique commercial* que l'on décantera, et la seconde, du sulfate de soude, produit de la décomposition que l'on pourra revendre.

Comme on le voit, on pourra donc obtenir presque immédiatement deux produits distincts, suivant le besoin, savoir : le *phénate commercial de soude* ou *l'acide phénique commercial.*

Dans le cas où on n'aurait besoin, comme ici, que des sels alcalins produits par les acides saponifiables des huiles essentielles, il deviendra inutile de décomposer le phénate alcalin obtenu. On devra alors prendre ce phénate et le faire bouillir et concentrer jusqu'à ce qu'il ne *soit plus odorant*, car, bien que la plupart des substances empyreumatiques soient généralement insaponifiables, néanmoins une certaine quantité d'huiles empyreumatiques *reste toujours* à l'état de suspension et d'inmixtion, soit dans les phénates ou dans l'acide phénique obtenu. Comme ces substances ne se trouvent point à l'état de combinaison et qu'elles sont volatiles, on s'en débarrasse, pour les phénates, par l'ébullition, si l'odeur était nuisible.

On verra par la suite le moyen à employer pour séparer ces huiles empyreumatiques de l'acide phénique commercial.

Avant d'indiquer le moyen à employer pour conserver les substances animales inertes, qu'il me soit permis de revenir un peu en arrière pour expliquer et faire comprendre l'importance d'une indication que j'ai donnée.

J'ai dit qu'il fallait, après avoir agité les huiles essentielles végétales et minérales avec la soude caustique, rajouter ensuite de l'eau, *une fois* le poids de l'alcali employé. (Ce qui vaudrait mieux serait de séparer les huiles non saponifiées sans ajouter d'eau au sel de soude formé.) Cette indication était d'autant plus nécessaire, que les *phénates, quelque limpides* qu'ils soient à l'état concentré, se troublent immédiatement aussitôt qu'on abaisse leur degré de *concentration à* 10 *degrés* du pèse acide de Beaumé ; QU'UNE HUILE SAPONIFIÉE SE RECONSTITUE par cette addition d'eau et vient surnager à la surface par le repos.

Si on abaissait donc immédiatement le phénate alcalin à 10 degrés, il arriverait qu'une partie des huiles essentielles saponifiées se trouvant *reconstituées*, viendraient remonter et se mélangeraient de nouveau *avec les huiles neutres*, beaucoup plus légères qu'elles, et viendraient ainsi augmenter leur densité réelle en même temps qu'elles les rendraient impures. C'est pourquoi, je le répète, il sera préférable souvent de séparer les huiles *neutres ou insaponifiables* sans ajouter beaucoup d'eau après l'agitation des huiles avec les alcalins.

On voit qu'en conséquence de ces observations, si l'on n'avait en vue que d'obtenir des phénates, et par suite de l'acide phénique, pour fabriquer seulement de l'acide picrique, sans tenir compte d'autre chose, on pourrait de suite ne se servir que de soude caustique à 8 ou 10 degrés, au lieu de soude à 36 degrés que j'ai indiquée, mais on perdrait les huiles saponifiables qui se reconstituent par l'addition de l'eau, et les huiles insaponifiables se trouveraient *alors* alourdies et mélangées d'huiles saponifiables, ce qui les empêcherait d'être neutres.

Comme il n'est besoin que de *phénates peu concentrés* pour conserver ou détruire les substances animales (des phénates de *un* à *quatre* degrés sont suffisants), on devra recueillir le phénate de soude additionné, *ou non, d'une fois seulement* son poids d'eau dans un vase d'une capacité triple ou quadruple de son volume et *rajouter alors de l'eau* jusqu'à ce que ce phénate ne marque plus que 10 *degrés* au pèse acide Baumé. Une partie du phénate alcalin *se décomposera* et sera reconstitué à l'état d'*acide phénique commercial* (ou autre), et viendra surnager à la surface. On décantera de nouveau le phénate à dix degrés que l'on conservera et l'on recueillera à part. L'huile reconstituée pourra former ensuite un *acide dérivé par substitution* et être employée pour la coloration ou l'imperméabilisation des substances animales.

Les phénates alcalins ainsi obtenus pourront servir à la conservation ou à la destruction des substances animales en immergeant ces substances, etc., et en ayant soin d'augmenter ou de maintenir leur densité, d'autant plus que

les substances animales à conserver ou à détruire seront plus volumineuses.
On les exposera et on les laissera ensuite sécher à l'air.

Ces dissolutions pourront ensuite servir à *chauler* les graines et semences,
et reviendront bien meilleur marché que les dissolutions de sulfate de cuivre
employées, etc.

Les huiles essentielles qui fournissent le plus d'*acide phénique commercial*,
et, par suite, le plus de phénate, sont : 1º les huiles essentielles de houille;
2º celles de tourbes; 3º celles de bois; les huiles de schiste sont celles qui
en donnent le moins.

EMBAUMEMENT DES CORPS ET PRÉSERVATION DE FUTURES ÉMANATIONS PUTRIDES.

Pour conserver un cadavre entier, sans employer les agents ordinaires
d'embaumement, on devra, après avoir fait les opérations préliminaires pra-
tiquées en ces circonstances, *immerger le corps* tout entier pendant vingt-
quatre à quarante-huit heures ou plus dans une dissolution de phénate
alcalin, d'une densité de *six à dix degrés*, et faire sécher le corps ensuite à
l'air.

Si on voulait employer les *injections par la carotide*, il faudrait employer
des phénates de soude de 10 ou 15 degrés. Au lieu de phénates, on pourrait,
en cette circonstance, se servir également d'*acide phénique commercial*.

Pour obtenir le même résultat au moyen *des huiles divisées*, on devrait
imbiber les corps inertes d'*acide phénique commercial*, de préférence aux
huiles neutres.

*Préservation de futures émanations putrides.*

Lorsqu'il s'agira, au lieu d'un mode d'embaumement complet, d'arrêter
seulement la décomposition des cadavres (ce qui sera d'un grand secours
pour les hôpitaux dans les temps de chaleur ou d'épidémie), ou bien d'empêcher les émanations putrides et pernicieuses des corps après la sépulture
achevée, ce qui rend le voisinage des cimetières des grandes villes si dangereux et si insalubre pour tout ce qui les environne à une grande étendue ,
il suffira, dans le premier cas, de jeter les cadavres dans une dissolution de
*phénates alcalins* d'une densité de un ou de deux degrés, et de les y laisser
jusqu'au moment où l'on pourra leur donner la sépulture. De grands réser-
voirs, ou des baignoires séparées pourraient être disposés à cet effet; ou bien
de les recouvrir seulement *de sciure de bois imprégnée de phénate* à six ou
huit degrés, ou d'huiles lourdes et brutes de houille, ou de tourbe seulement.

Quand il s'agira, au contraire, d'empêcher la *décomposition future* des cadavres et, par suite, prévenir *tous les accidents* qui en sont la conséquence,
plusieurs moyens *peu dispendieux* pourront être employés. Il suffira, ou :

1º D'immerger le corps dans un bain de phénate de soude de six à huit
degrés, et de l'y laisser pendant deux heures avant de le mettre dans la bière;
on pourrait immerger dans un bain d'huiles lourdes de houille également;

2º De remplir ensuite la bière de sciure de bois imprégnée seulement soit
de phénates alcalins, soit d'huiles lourdes de houille. (Je dis toujours *huiles
lourdes de houille* et non légères, *par économie*, bien entendu, et parce que ces
huiles ne coûtent que 7 fr. les 100 kilogrammes.);

Ou seulement d'*injecter par la carotide* des phénates de 15 degrés ou des
huiles acides saponifiables que j'appelle acide phénique commercial, et de
remplir ensuite la bière de sciure de bois imprégnée d'huiles lourdes de
houille. On pourra même se dispenser d'injecter par la carotide de l'acide
phénique et se contenter ou de supprimer cette opération ou d'y injecter
seulement (toujours par économie) des huiles lourdes de houille au lieu d'a-
cide phénique commercial.

On aurait soin, avant de déposer le corps dans la bière, d'y faire d'abord un
lit de cette sciure imbibée d'huiles de houille lourdes et brutes d'une épais-

seur d'environ 10 centimètres au moins, et, après l'y avoir déposé, de recouvrir le corps et de remplir entièrement la bière de la même sciure.

Ces moyens préservatifs de toute décomposition ultérieure ne reviendraient pas à plus de cinq francs (*bénéfices compris*) pour chaque inhumation.

Dans le cas où il s'agirait d'une fosse commune, il n'y aurait besoin que d'imbiber de la terre seulement d'huiles lourdes de houille, de mettre une couche d'un pied d'épaisseur de cette terre imbibée au fond de la fosse, d'y déposer ensuite dessus les corps et de les recouvrir d'une couche d'un pied d'épaisseur de la même terre imprégnée d'huile, et remplir avec la terre ordinaire ensuite.

J'ose espérer que ces moyens si simples que j'indique pourront rendre de grands services à l'avenir, si la routine, l'incurie ou le mauvais vouloir ne continuent pas à triompher, comme cela a trop souvent existé.

*Application hygiénique.*

Mon but, en venant indiquer ici le nouvel emploi qu'on pourra faire des phénates alcalins et notamment du phénate de soude plus ou moins concentré, n'est pas de le faire dans un but de spéculation, mais seulement de philanthropie. Je ne réclame à ce sujet aucune protection. La seule et la plus grande récompense de mes travaux serait que mes appréciations fussent aussi justes que je le crois, et que les hommes plus éclairés que moi voulussent bien en faire un essai bienveillant et consciencieux.

Une maladie longue, douloureuse et incurable décime, dans tous les grands centres de population, la plus intelligente partie des femmes; on voit que je veux parler des maladies de matrice, qui n'atteignent ordinairement que les personnes les plus impressionnables, c'est-à-dire celles dont l'intelligence est la plus développée ou celles dont les occupations sont les plus sédentaires, telles que celles qui dirigent un comptoir, qui ont le souci d'une maison de commerce ou la surveillance d'intérêts sérieux. Quel remède a-t-on trouvé et employé jusqu'à ce jour, non pour guérir, mais pour prolonger l'agonie affreuse de personnes qui, presque toujours, n'osent, par pudeur, avouer leur mal que lorsqu'il est à son apogée?

Rien que la cautérisation par le nitrate d'argent, qui ne brûle que la superficie en enflammant les parties inférieures.

Le *phénate de soude* d'huiles de houille à 4, 5, 6 ou 10 degrés (je ne sais à quel degré on devra l'employer, n'ayant assurément pas fait d'expériences) agira-t-il de même?

Assurément non! car il ne désorganise pas. Il resserre les pores tout en pénétrant constamment à l'intérieur, dessèche et détruit sans inflammation toutes les substances aqueuses et odorantes. Je pense donc, par présomption, que son emploi doit être bien plus efficace que celui du nitrate d'argent.

Je pense également qu'on pourra l'employer avec succès dans toutes les maladies engendrées par des animacules, *telles que le gâle*, etc., etc.

Telles sont mes appréciations sur l'emploi des phénates alcalins, relatives à leur application à la médecine. C'EST AUX MÉDECINS DE VÉRIFIER SI ELLES SONT JUSTES.

APPLICATION DES HUILES ACIDES SAPONIFIABLES CONTENUES DANS LES HUILES ESSENTIELLES VÉGÉTALES ET MINÉRALES TRANSFORMÉES PAR SUBSTITUTION, POUR CONCRÉTER, IMPERMÉABILISER ET COLORER TOUTES LES SUBSTANCES ANIMALES.

Les cuirs, comme on sait, subissent différentes préparations, suivant les usages auxquels on les destine. Ceux qui exigent plus de souplesse que d'imperméabilité sont corroyés seulement; ceux, au contraire, qui sont destinés à résister aux frottements et à préserver de l'humidité subissent des immersions longues et répétées dans des bains plus ou moins concentrés contenant du *tan* en macération et, par suite, de *l'acide tannique* en dissolution.

Le corroyage et le tannage des cuirs s'opèrent donc de deux manières : 1º au moyen de l'alun, et 2º au moyen de l'acide tannique.

Les dissolutions d'alun agissent sur les cuirs en pénétrant à travers leurs pores et y laissant des sous-sulfates insolubles d'alumine.

L'acide tannique, au contraire, vient former, avec la gélatine qui compose la majeure partie des peaux, un corps insoluble et concret qui ne permet plus à l'eau de la pénétrer et la rend *imperméable*.

On arrivera à un résultat presque semblable à celui du corroyage en laissant macérer les cuirs dans du phénate de soude seulement, ou après les avoir retirés de la dissolution de phénate de soude, en les immergeant dans une dissolution saline, dont la base puisse former un *corps insoluble* avec l'acide phénique.

Mais pour arriver à pouvoir rendre *insoluble* la gélatine qui compose les cuirs et agir sur elle comme le fait l'*acide tannique*, il faudra faire subir à l'*acide phénique commercial* une transformation par *substitution*; transformation qui démontrera de la manière la plus évidente que les huiles acides saponifiables des huiles essentielles (surtout celles de houille et de tourbe) ont la plus grande analogie avec l'acide phénique réel.

Je vais indiquer les opérations à faire.

TRANSFORMATION, PAR SUBSTITUTION, DES HUILES SAPONIFIABLES EN ACIDES<br>TRINITRO-PHÉNIQUES.

L'acide phénique à l'état de pureté est un corps incolore cristallin que l'on obtient de différentes substances (de l'acide salycilique, du benjoin, etc.). Il a pour formule $C^{12} H^5 O + H O$. Cet acide, non plus que ses sels, ne précipitent la gélatine.

Mais si l'on vient à faire réagir de l'acide nitrique sur l'acide phénique, on fait passer cet acide d'abord à l'état d'acide binitrophénique et enfin d'acide *trinitro-phénique*, qui alors a pour formule $C^{12} H^3 (azo^4)^3 O + HO$.

Comme on le voit, trois *molécules d'hydrogène* ont été enlevées à l'acide phénique et remplacées par *trois molécules d'azote*. Il y a donc eu, pendant les diverses réactions, enlèvement de *trois molécules d'hydrogène* et SUBSTITUTION à leur place de *trois molécules d'azote*.

L'acide trinitro-phénique est donc un acide *dérivé par substitution*.

Les huiles acides saponifiables des huiles essentielles des substances végétales et minérales, se comportent de la même manière et forment également des acides analogues à l'acide trinitro-phénique (quand ces acides ne sont pas l'acide trinitro-phénique lui-même), acides qui *précipitent également la gélatine*.

Cette propriété remarquable n'a jamais été *signalée* jusqu'à ce jour.

Pour obtenir ce résultat, voici comment il faut opérer :

Prendre les *huiles acides* provenant de la décomposition des phénates de soude à 8 ou 10 degrés (obtenues comme je l'ai indiqué, en ajoutant au phénate concentré un poids d'eau suffisant pour le ramener à 10 degrés), et traiter lesdites huiles acides par l'acide nitrique, de la manière suivante :

On prendra *huit* parties d'acide nitrique contre *une* partie d'acide phénique commercial à traiter (ex. : 8 kilogr. d'acide phénique, — 64 kilogr. d'acide nitrique).

On divisera l'acide nitrique en deux parts :

L'une, contenant les trois quarts, et l'autre, le quart seulement d'acide nitrique.

Mettre alors l'acide phénique dans un vase en grès ou en verre d'une contenance quinze ou vingt fois supérieure au poids de l'acide; verser ensuite peu à peu (car la réaction est très-vive) de l'acide nitrique du vase, contenant les trois quarts de l'acide. On continuera de verser cet acide jusqu'à ce que tout soit employé.

Quand il n'y aura plus d'acide et qu'on verra que la réaction est apaisée, on mettra le vase sur un feu doux (si le vase peut aller au feu) ou sur un bain-marie d'huile ou de suif (si le vase est en grès), et après que la réaction aura commencé par l'effet de la chaleur, on ajoutera l'autre quart de l'acide nitrique.

Après que tout l'acide nitrique aura été employé, on continuera à chauffer, et on évaporera jusqu'à ce qu'il ne se produise plus d'acide hypo-azotique, et que le produit commence à adhérer à une spatule en bois. Retirer alors du feu, et laisser reposer jusqu'à refroidissement complet. Prendre ensuite le produit, le jeter sur un filtre ou le presser, pour expulser l'acide nitrique engagé. ·

Après cette première opération terminée, l'acide *trinitro-phénique est obtenu*; il doit être cristallisé et presque pur.

Si, au lieu de se servir *d'acide phénique commercial* obtenu des phénates dilués d'un poids *trois fois* égal à celui de l'alcali caustique employé, on n'avait qu'un acide phénique obtenu d'un phénate de soude marquant 15 ou 25 degrés, on pourrait, pour obtenir un produit supérieur, *redissoudre* cet acide phénique dans la soude caustique pour en faire un phénate de soude qu'on étendrait d'eau de trois fois le poids de l'alcali employé, de manière à le ramener à 10 degrés. — Le phénate se troublera alors. Mais au lieu que ce soit *une huile* qui se sépare, on verra un *corps solide*, très-désagréablement odorant, *se précipiter*. On filtrera le nouveau phénate et on le décomposera par un acide. Ainsi reconstitué, il donnera de bons produits.

Cette précaution sera nécessaire, parce que lorsqu'on se sert, pour être transformé en acide trinitro-phénique, d'acides phéniques obtenus de phénates de soude *très-concentrés* et non affaiblis, on n'obtient qu'un acide trinitro-phénique ayant une cristallisation confuse et contenant une matière visqueuse qui s'attaque lentement par l'acide nitrique.

A cet état, cet acide trinitro-phénique *précipite la gélatine*, mais n'agit pas encore sur les peaux comme l'acide tannique, car le précipité de gélatine formé par l'acide trinitro-phénique, bien *qu'insoluble* dans l'eau froide, *se dissout* néanmoins dans l'*eau chaude*.

Pour arriver alors à obtetenir une substance qui forme un précipité de gélatine *aussi insoluble que l'acide tannique*, il faut mélanger de l'*alun* en plus ou moins grande quantité avec l'acide trinitro-phénique.

Voici comment on devra opérer pour obtenir un mélange parfaitement homogène, formant avec la gélatine des précipités *insolubles dans l'eau froide* et dans l'*eau chaude*, et susceptible de *tanner* (ce sera alors *trinitro-phéniquer* ou *carbazoter* qu'il *faudrait dire*, pour *parler juste*) les peaux animales :

Prendre *trois parties d'alun* contre une partie d'acide *trinitro-phénique*.

Faire fondre cet alun dans son eau de cristallisation, en y ajoutant néanmoins un peu d'eau. Quand l'alun est parfaitement fondu, ajouter l'acide trinitro-phénique, le laisser fondre, et remuer pour le mélanger avec l'alun; prendre alors un *poids de farine égal* au tiers de l'acide phénique employé, et l'ajouter à l'alun et à l'acide trinitro-phénique fondu; brasser et laisser sur le feu, jusqu'à ce que le tout soit bien mélangé et ait acquis la consistance d'un empois clair. Retirer alors du feu et agiter, en amalgamant, jusqu'à refroidissement.

L'addition de la farine a pour effet, comme on le voit ici, de lier intimement deux substances de densités différentes, qui resteraient mal séparées ou mal amalgamées sans cela; de s'emparer des huiles non transformées et de les *retenir*.

Quand on voudra substituer l'acide *trinitro-phénique* à l'acide *tannique* pour obtenir la *concrétion* et l'*imperméabilisation* des peaux, on fera dissoudre un kilogr. d'acide *trinitro-phénique aluné* dans cinquante kilogr. d'eau, et on emploiera cette solution comme on emploie celle de l'acide tannique. Inutile d'ajouter qu'on pourra et devra se servir de dissolutions plus ou moins concentrées, suivant qu'il sera nécessaire de *tanner* plus ou moins vite, et qu'au lieu d'un kilogr., on pourra en mettre deux ou plus dans la même quantité d'eau, suivant les circonstances.

Cette nouvelle substance TANNANTE, que personne n'avait encore *soupçonnée* jusqu'à ce jour, offrira sur le *tan* l'avantage immense de pouvoir s'expédier partout à l'état concentré, ne se détériorant pas, et de pouvoir s'obtenir dans tous les pays.

En ajoutant de l'acide *trinitro-phénique aluné* (et même des *phénates seule-*

*ment*) aux dissolutions ordinaires de *tan* (au lieu d'employer cet acide tout seul), on obtiendra déjà des résultats très-satisfaisants.

COLORATION DES SUBSTANCES ANIMALES OU PROVENANT D'ORIGINE ANIMALE, — CUIRS, — LAINES, — SOIE, — OS, — IVOIRE, — PLUMES, ETC., — AU MOYEN *d'acides dérivés par substitution*, OBTENUS D'ACIDES SAPONIFIABLES CONTENUS DANS LES HUILES ESSENTIELLES VÉGÉTALES OU ANIMALES.

Les acides dérivés par substitution des huiles acides saponifiables contenues dans les huiles essentielles végétales ou minérales ont une grande puissance de coloration et une éclatante beauté.

Leurs dissolutions sont généralement jaune-clair à l'état d'acides, et jaune plus foncé à l'état de sels, lorsque l'acide dérivé est soluble dans l'eau. Mais elles donnent des couleurs brunes et même rouges, lorsque leurs acides dérivés sont peu ou pas solubles dans l'eau, et qu'ils le sont dans les alcalis, comme nous le verrons par la suite.

Lorsqu'on voudra teindre des substances animales ou provenant d'origine animale (et même des substances textiles que l'acide trinitro-phénique ne fait que colorer, sans y adhérer et résister aux lavages), il suffit de dissoudre la matière colorante des *acides dérivés* (que je nommerai par abréviation *acides trinitro-phéniques*) dans l'eau chaude, dans la proportion *d'un gramme* d'acide pour *un kilo d'eau*, faire bouillir dix minutes, laisser reposer pour permettre aux huiles non converties qui peuvent se trouver interposées entre les cristaux de se déposer au fond du vase; filtrer ou décanter ensuite, faire bouillir la dissolution, y plonger les objets à teindre, les agiter comme le font les teinturiers, et les rincer à l'eau pure.

Si l'on veut se servir de l'acide *trinitro-phénique aluné*, préparé comme je l'ai indiqué plus haut, on devra mettre alors *cinq grammes* d'acide par *kilog. d'eau.*

Cet acide *trinitro-phénique aluné* a, pour teindre, un *avantage immense* sur l'acide trinitro-phénique non aluné, en ce que :

1º On peut, aussitôt qu'on l'a dissous dans l'eau chaude, teindre immédiatement *sans tacher* les étoffes (ce que ne ferait pas l'acide trinitro-phénique ordinaire);

2º Qu'il donne des couleurs plus pures et plus stables, dues à la présence de l'alun, qui se combine avec tous les tissus, comme on le sait;

3º En ce qu'il est d'un maniement plus agréable et moins salissant.

L'application de la matière colorante jaune de l'acide trinitro-phénique à la teinture n'est pas une application que je viens donner comme entièrement nouvelle et qui m'appartienne exclusivement, car cette matière colorante est déjà employée depuis plusieurs années en teinture. Ce qui m'appartient et constitue ma propriété, c'est la *préparation* de cette matière tinctoriale par les procédés que j'ai décrits; préparation qui est supérieure aux préparations connues auparavant, comme *trois* est à *un*, et la préparation de l'acide *trinitro-phénique aluné*, qui offre l'immense avantage de pouvoir teindre immédiatement *sans tacher* les substances animales, et remplacer l'acide tannique pour le tannage des cuirs.

Lorsqu'après les réactions de l'acide nitrique sur les huiles acides saponifiables des huiles essentielles végétales et minérales, *l'acide dérivé par substitution* qui en proviendra sera peu ou pas soluble dans l'eau, on devra le traiter alors par un *alcali* (potasse ou soude) *caustique*, pour en former un sel qui est alors *soluble dans l'eau* et donne ordinairement des dissolutions *brun-marron-jaunâtre*. Ces dissolutions teignent très-bien. Il faut toutefois avoir le soin de rincer ensuite les objets ou tissus dans une eau *légèrement acidulée*, afin de fixer la couleur.

Quant à la matière *colorante rouge* que l'on peut également obtenir, je ne l'ai point encore obtenue assez économiquement pour en parler.

Les modes de préparation de l'acide trinitro-phénique indiqués et employés avant moi, consistaient à prendre soit de l'huile de houille ordinaire seulement, ou de l'huile de houille distillée qui avait passé entre 150 et

200 degrés, ou de l'acide *phénique pur* dont la préparation est très-coûteuse et difficile à obtenir, et de les traiter ensuite par huit fois leur poids d'acide nitrique.

Mais on n'obtenait ainsi ou qu'un produit très-cher, ou qu'une *masse visqueuse*, renfermant tout au plus 1/3 d'acide *trinitro-phénique* (ou carbazotique) *réel*; tandis qu'en opérant comme je l'ai indiqué, on en obtient près de *quatre cinquièmes et demi*.

Comme on le voit, on n'avait jusqu'ici trouvé et indiqué qu'un fait particulier.

Les huiles de houille (parmi les huiles essentielles commerciales à vil prix) produisaient une couleur jaune par l'action de l'acide nitrique sur elles, et on avait aussitôt employé cette matière colorante, moins chère que celle provenant de l'indigo, de la salicine, de l'huile de gaultheria procumbens, etc., et on s'était contenté du fait indiqué.

Tandis que je viens, au contraire, poser une *règle générale* et dire : Non-seulement les huiles de houille, mais encore *toutes* les huiles essentielles, contenant des huiles *acides saponifiables*, donnent des matières *colorantes jaunes et diverses*; que je signale les huiles de *tourbe*, de *bois*, de *schistes*, inexaminées sous ce point de vue jusqu'à présent, comme donnant également d'abondantes *matières tinctoriales*; que je viens donner les moyens d'obtenir *économiquement* l'acide carbazotique, en ne faisant réagir l'acide nitrique que sur les *huiles seules qui peuvent le produire*, au lieu de le perdre inutilement à traiter des substances qui ne *peuvent point en donner*.

Que je viens signaler *d'autres nuances* tinctoriales dont on n'avait point encore parlé.

L'acide trinitro-phénique teint également à froid et produit, avec le *carmin d'indigo*, des verts de la plus grande fraîcheur.



On a employé jusqu'à présent différents sels pour préserver les bois des insectes destructeurs, savoir :

1° En plongeant ces bois dans diverses dissolutions de sels, ou en faisant pénétrer ces dissolutions par impulsion ou aspiration (système Boucherie), à travers la masse entière des bois à conserver;

2° En plongeant les bois à conserver dans les huiles lourdes de houille.

On pourra substituer, aux diverses dissolutions employées jusqu'à ce jour, celle du *phénate de soude* à 5 ou 6 degrés, qui, outre qu'il sera *au moins aussi efficace* que tous les sels employés, aura sur eux l'avantage d'être moins cher.

Le phénate de soude aura, sur le second procédé, l'avantage de laisser dans le bois un *sel fixe*, qui préservera constamment le bois.

Pour préserver les navires des insectes, on devra bien laver et imbiber les planches avec le phénate de soude, ou n'employer que des planches qui en soient imprégnées à l'avance.

On rendra les bois, destinés aux navires, etc., inattaquables encore aux insectes, en soumettant ces bois *aux vapeurs d'huiles lourdes de houille comprimées*, contenant beaucoup de *naphtaline*, ou même de *naphtaline* seule, qui, après avoir pénétré dans les pores des bois, s'y *cristallisera* et les rendra inattaquables aux *tarets*.

En arrosant tous les jours *les hôpitaux, les casernes*, écoles, etc., d'une dissolution de phénate de soude à un demi-degré, on les préservera de puces, punaises, etc. En lavant également les bois de lits et faisant pénétrer le phénate de soude à 4 degrés dans les trous et jointures qui recèlent les punaises, on les détruira complétement.

CONSERVATION DES MÉTAUX AU MOYEN DES HUILES NEUTRES OU INSAPONIFIABLES, PRO-
VENANT DES HUILES ESSENTIELLES VÉGÉTALES OU MINÉRALES. — CONSERVATION DES
BOIS, ÉCHALAS, ETC.

On sait que les huiles fixes ou essentielles qui servent à la fabrication des
vernis destinés à recouvrir les métaux, sont *acides* en totalité ou en partie, et
que pour empêcher l'oxydation des métaux oxydables tels que le fer, le zinc,
il importe de faire *réagir au préalable* ces huiles acides sur un oxyde avec lequel on les amalgame, afin que, posées sur ces métaux, elles puissent ensuite les recouvrir et les préserver de l'action de l'air sans les attaquer.

Lorsqu'on voudra obtenir un agent protecteur des métaux aussi bon et
meilleur marché que celui des vernis aux oxydes de plomb (litharge ou minium) et qui ne reviendra qu'à *dix ou vingt-cinq centimes* au plus le kilog.,
on prendra les *huiles neutres* essentielles qui surnagent après le traitement
des huiles essentielles végétales et minérales par la soude caustique. On fera
dissoudre avec elles, à une douce chaleur, un *poids égal* du résidu que ces
huiles essentielles produisent après leur distillation et qu'on appelle : *brai*
(ce vernis sera noir), ou avec une résine quelconque, si on désire un vernis
blanc, et on revêtira les métaux de ce vernis qui sera aussi préservatif de
l'oxydation que ceux au minium.

Lorsqu'on voudra également préserver seulement les bois des agents destructeurs de l'air atmosphérique, on devra, au contraire, pour obtenir un
vernis protecteur analogue, employer de préférence les *huiles essentielles acides*, pures ou mélangées aux huiles neutres, en y dissolvant la même quantité
de *brai*, ou 40 0/0 de brai et 10 ou 20 0/0 de naphtaline, si l'on veut que le
bois soit odorant et insectifuge pendant longtemps.

Ce vernis, qu'on pourra employer pour enduire les *échalas*, treillages, pou-
tres, appuis, etc., pourra (ne revenant qu'à dix centimes le kilogramme)
rendre d'immenses services à l'agriculture en général, mais surtout à la vi-
ticulture.

ÉPURATION DES HUILES ESSENTIELLES MINÉRALES ET VÉGÉTALES CONTENANT DES HUILES
ACIDES SAPONIFIABLES.

La masse générale des huiles essentielles végétales et minérales, contenant
des huiles acides saponifiables, est toujours d'une densité *bien moindre* que
celle des huiles acides qu'on en extrait par la saponification au moyen des alcalis caustiques.

Il est facile alors de concevoir que ces huiles plus denses étant extraites,
les huiles essentielles non saponifiables débarrassées de substances lourdes qui
augmentaient leur densité, acquerront un degré de légèreté d'autant plus
grand que les huiles extraites étaient plus lourdes et en plus grande abondance.

Un exemple fera mieux concevoir.

La masse brute des huiles légères de houille pèse ordinairement 14 degrés
à l'aréomètre Cartier (dix étant pris pour l'unité de l'eau).

Les huiles acides extraites de cette masse d'huiles essentielles pèsent au
contraire 7 degrés 1|2 au *pèse acide* Beaumé, c'est-à-dire qu'elles sont 7 de-
grés 1|2 plus lourdes que l'eau.

Il y a donc entre les deux espèces d'huiles une grande différence de densité.
Aussi,

Après la saponification desdites huiles acides, les huiles essentielles non saponifiables marquent-elles alors 19 à 20 degrés à l'aréomètre, au lieu de 14
qu'elles marquaient auparavant en masse.

Cette différence de densité est donc une conséquence forcée du traitement
que je fais subir aux huiles essentielles, et un résultat très-avantageux obtenu
sans *distillation* et par l'effet de la séparation instantanée des *huiles neutres*
d'avec les *huiles acides*.

Tels sont les résultats, DÉRIVANT TOUS LES UNS DES AUTRES, que j'ai obtenus en séparant les *huiles neutres des huiles acides* essentielles végétales et minérales, au moyen des alcalis caustiques concentrés.

*Mon brevet a donc pour objet :*

Procédés et produits, tous dérivant de la séparation des huiles essentielles acides d'avec les huiles neutres.

1º La conservation, la concrétion, l'imperméabilisation, et la coloration de toutes les substances animales inertes ;

2º La destruction des substances animales vivantes et la préservation de futurs insectes ;

3º La conservation des bois, des métaux ;

4º La rectification des huiles essentielles végétales et minérales *se rectifiant elles-mêmes*, par la séparation des *huiles essentielles acides* d'avec les *huiles essentielles neutres.*

Paris, le 14 juillet 1858.

*Signé :* BOBOEUF,
81, Faubourg Saint-Denis.

Tels sont les documents que j'ai cru indispensable de joindre à l'appui de mes allégations.

Recevez, Monsieur le Président, l'assurance de la respectueuse considération

De votre très-humble serviteur,

BOBOEUF,
9, rue Buffault.

Paris, le 5 août 1865.

# TABLE



## DOCUMENTS ET PIÈCES AUTHENTIQUES




Paris. — Imprimerie de l'Illustration, A. Marc, 22, rue de Verneuil.